COLEÇÃO CAMINHOS NEUROEDUCATIVOS

IDENTIFICAÇÃO PRECOCE DAS DIFICULDADES E TRANSTORNOS DE APRENDIZAGEM

1

Coleção CAMINHOS NEUROEDUCATIVOS

IDENTIFICAÇÃO PRECOCE DAS DIFICULDADES E TRANSTORNOS DE APRENDIZAGEM

ANA HENNEMANN
TIAGO EUGÊNIO

1

Publisher
Henrique Farinha

Edição de texto
Juliana Rodrigues de Queiroz

Projeto gráfico e diagramação
Join Bureau

Capa
Guilherme Carvalho Monteiro

Todos os direitos reservados à Editora Évora.

Rua Sergipe, 401 – Cj. 1.310 – Consolação
São Paulo – SP – CEP 01243-906
Telefones: (11) 3562-7814/3562-7815
Site: http://www.evora.com.br
E-mail: contato@editoraevora.com.br

Dados Internacionais de Catalogação na Publicação (CIP)
(Câmara Brasileira do Livro, SP, Brasil)

Hennemann, Ana
  Identificação precoce das dificuldades e transtornos de aprendizagem / Ana Hennemann, Tiago Eugênio. – São Paulo: Editora Évora, 2024. – (Caminhos neuroeducativos ; 1)

  Bibliografia
  ISBN 978-65-88199-19-0

  1. Aprendizagem 2. Distúrbios da aprendizagem 3. Educação 4. Neurociências 5. Neuroeducação 6. Professores – Formação I. Eugênio, Tiago. II. Título. III. Série.

24-218661   CDD-370.1523

Índices para catálogo sistemático:
1. Aprendizagem: Dificuldades: Contexto psicopedagógico: Educação 370.1523
Eliane de Freitas Leite – Bibliotecária – CRB 8/8415

SUMÁRIO

Introdução – Lançando nossa nave IX

Capítulo 1

Aprendizagem Requer Muito mais do que a Escolha
de Bons Métodos de Ensino 1

O caso do João: preguiça ou desafio cognitivo? 2
Mais do que ensinar, é preciso conhecer como o cérebro aprende 3
Uma nova visão de protagonismo no contexto escolar 4
Desempenho brasileiro dos alunos nas avaliações nacionais 8
Neurociência como uma bússola, não como um novo método de ensino .. 12
Contribuições práticas da neurociência para a sala de aula 14
Modelo bioecológico do desenvolvimento humano 16
A família: o caminho da aprendizagem doméstica 18
A escola: o caminho da aprendizagem estruturada 19
Profissionais multidisciplinares: o caminho para a
aprendizagem integrada 20
A comunidade: o caminho da aprendizagem estendida 20
Identificação precoce de processos cognitivo disfuncionais 23
Investimento na educação: exemplos globais e do Brasil 25

Capítulo 2
Uma Viagem Rápida pelo Cérebro 33
Alice no país da neurociência 34
Neurônios são células fofoqueiras 43
Neurônios sensoriais: os detectores 48
Neurônios motores: os executores 48
Neurônios associativos: os pensadores 48
Os lobos cerebrais: cidades com bairros especializados 52
Hipotálamo: o guardião da memória 54
Amígdala: a casa das emoções 54
Cerebelo: o maestro da coordenação 55
Núcleos da base: o centro que automatiza ações 56
Núcleo accumbens: o centro de recompensas 56
Tronco cerebral: o centro das funções vitais 57
Integração cerebral: a coreografia das funções 58
A dança das emoções, sono, motivação e memória 58
O uso do *priming* no contexto escolar 60
Relevância para educadores 63
Técnicas de ensino baseadas em neurociência 64

Capítulo 3
Neurociência e os Quatro Pilares da Educação 69
Carlos no mundo da coordenação pedagógica 70
Aprendizagem pela curiosidade e relevância 71
Aprendizagem pela teoria e pela prática 77
Aprendizagem pela interação social 79
Aprendizagem pelo autoconhecimento 85
Neurociência: conceito e aplicação no contexto escolar para resolver problemas 89

Relação escola e família: o caso do pai preocupado com o desfralde da filha 89

Intervenção baseada nas quatro aprendizagens 92

A importância da parceria escola-família.................................... 93

Capítulo 4
Rastreio dos Processos Cognitivos na Escola 97

Da neurociência à neuropsicopedagogia 99

O que é rastreio de habilidades cognitivas?................................ 110

Três consequências da falta de um rastreio precoce das habilidades cognitivas 111

A atuação do neuropsicopedagogo na escola............................ 116

O rastreio das habilidades cognitivas no contexto escolar 120

Protocolo de aplicação do rastreio de habilidades cognitivas no contexto escolar.. 122

O modelo RTI... 131

A implementação do RTI na escola com o Programa Educacional Neurons 133

Capítulo 5
Criando um Plano de Intervenção..................................... 139

Auxílio e apoio para professores 141

Sobre a importância do conhecimento prévio........................... 146

Sobre a importância da repetição e da motivação 147

Comparando estratégias e caminhos pedagógicos................... 150

Primeira camada do RTI: triagem universal 151

Plano de intervenção para a turma avaliada............................. 153

Segunda camada do RTI: intervenção em pequenos grupos ... 163

Capítulo 6

Rastreio dos Processos Cognitivos na Clínica 167

Terceira camada do RTI: intervenção intensiva 168

Desafios atencionais de Ricardo 170

Avaliação das habilidades cognitivas 170

Aprendizagens da história de Ricardo 176

Desafios na aprendizagem da leitura e da escrita de Daniel 180

Avaliação das habilidades cognitivas 180

Aprendizagens da história de Daniel 188

Desafios na aprendizagem de matemática de Juliana 191

Aprendizagens da história de Juliana 196

A reinvenção da educação a partir de caminhos neuroeducativos 198

Respostas das questões de autorregulagem da aprendizagem 205

Referências bibliográficas 209

Introdução

Lançando nossa nave

A coleção "Caminhos Neuroeducativos" é uma jornada pelo universo da neurociência e da educação, em que cada passo revela novas possibilidades de potencialização do aprendizado humano. Os caminhos são, em sua essência, rotas que conduzem os viajantes de um ponto a outro. Na neuroeducação, esses caminhos são trilhas de conhecimento e descoberta, mapeando as complexas redes de processos cognitivos que subjazem à aprendizagem humana. A palavra "Caminhos" tem várias definições, dependendo do contexto em que é utilizada. Por exemplo, pode ser entendida como rota ou trajeto entre dois lugares, que pode ser percorrido por pessoas, animais ou veículos. Caminhos também podem ser entendidos como método ou direção tomada para alcançar um objetivo ou resultado. Outra possibilidade: curso de ação ou procedimento que alguém segue. Ou, ainda, direção da conduta ou maneira de vida. Em contextos mais figurativos, "caminhos" também pode se referir às escolhas e decisões que uma pessoa faz ao longo da vida, que moldam seu destino ou futuro. É uma palavra bastante versátil, usada tanto em sentido literal quanto figurativo para descrever diferentes tipos de progressão ou movimento através do espaço ou das etapas da vida.

Mas o que seria um caminho neuroeducativo? Um caminho neuroeducativo é uma abordagem pedagógica que se fundamenta nos princípios da neurociência, para promover uma educação orientada pela compreensão detalhada dos processos cognitivos. Esse caminho se distingue pela ênfase no rastreio contínuo e no monitoramento dos processos cognitivos dos estudantes, permitindo uma adaptação constante das estratégias educativas para atender às necessidades individuais de aprendizagem.

Aspectos fundamentais de um caminho neuroeducativo

1. **Rastreio de processos cognitivos:** utiliza avaliações sistemáticas para identificar as habilidades cognitivas dos alunos, focando na compreensão profunda de como cada estudante aprende e processa informações, sobretudo com base no modelo RTI, detalhado ao longo deste livro.

2. **Monitoramento constante:** mantém um acompanhamento regular dos processos cognitivos dos estudantes, adaptando o ensino para maximizar o potencial de aprendizagem e intervir precocemente quando dificuldades são detectadas.

3. **Educação orientada por avaliação cognitiva:** prioriza a adaptação do conteúdo educacional e das metodologias de ensino com base nas informações obtidas por meio do rastreio e do monitoramento, em vez de se limitar à transmissão convencional de conteúdos.

4. **Intervenções personalizadas:** implementa estratégias pedagógicas que são personalizadas para as necessidades cognitivas específicas de cada aluno, garantindo que todos os estudantes tenham acesso a uma educação que apoie seu desenvolvimento integral.

5. **Inclusão efetiva:** assegura que todas as práticas educativas são inclusivas e acessíveis, respeitando a diversidade cognitiva e de aprendizagem dos alunos, e proporcionando igualdade de oportunidades para todos.

O objetivo de adotar caminhos neuroeducativos é transformar a experiência educacional em um processo mais eficiente e impactante, em que a educação não é apenas o ato de ensinar, mas de entender e apoiar o desenvolvimento cognitivo de cada estudante. Essa abordagem busca não apenas educar, mas habilitar os alunos a utilizarem seu potencial cognitivo ao máximo, preparando-os de maneira integral para os desafios da vida acadêmica e pessoal.

Sabemos que nem todos os caminhos são fáceis. Alguns são íngremes e difíceis, mas são justamente esses caminhos que oferecem as vistas mais espetaculares e as recompensas mais gratificantes. Nesta coleção, queremos que você visualize um caminho com base no funcionamento do cérebro. Não queremos nos limitar ao arcabouço teórico das neurociências, mas apontar diferentes guias que se estendem sobre esse caminho, aqui representado por diferentes atores e profissionais que participam da formação integral do sujeito.

Nesse percurso, a figura do neuropsicopedagogo emerge como um guia ou mentor essencial, navegando pelas complexidades do caminho neuroeducativo. Esta coleção revela a profundidade de compreensão do neuropsicopedagogo dos processos de aprendizagem do cérebro, incluindo suas diversidades, adaptações e superações. Esse profissional serve como um intérprete das necessidades cognitivas dos alunos, fornecendo as ferramentas essenciais para rastrear, explorar e maximizar seu potencial de aprendizado, garantindo que cada passo no caminho educativo seja eficaz e transformador.

Ao assumir esse papel, o neuropsicopedagogo colabora estreitamente com professores, pais e outros profissionais de saúde, formando uma equipe multidisciplinar, que apoia cada estudante em sua jornada educacional. Juntos, eles trabalham para remover obstáculos, fortalecer pontos fracos e ampliar os horizontes dos alunos, garantindo que cada passo no caminho seja dado com confiança e suporte adequados.

Esse profissional também traz para o cenário educacional um arsenal de estratégias baseadas em evidências científicas, personalizadas para atender às peculiaridades de cada cérebro. Com intervenções direcionadas e monitoramento constante, o neuropsicopedagogo ajuda a pavimentar um caminho que não só conduz os alunos no currículo escolar, mas também os prepara para enfrentar os desafios da vida com resiliência e competência emocional. Portanto, nesta coleção, o neuropsicopedagogo é visto como um educador e como um verdadeiro mentor que ilumina o caminho neuroeducativo, garantindo que ele seja inclusivo, eficaz e, sobretudo, transformador.

O crescimento de qualquer vila, bairro, cidade ou nação não depende de uma única via, mas de múltiplas estradas, cada uma pavimentada por diferentes mãos e mentes. Da mesma forma, o caminho neuroeducativo não é uma rota solitária; ele é formado por uma rede interconectada de avenidas, cada uma cuidada por um ator fundamental no desenvolvimento integral da criança. Nesse entrelaçado de caminhos, o professor é o guardião de uma grande avenida, onde o tráfego de ideias e inspirações flui livremente, moldando mentes jovens com a pedagogia e o cuidado diário. Essa via é ampla e dinâmica, sempre adaptando-se às necessidades e ao ritmo dos alunos que por ela passam. No entanto, o coordenador pedagógico supervisiona um conjunto de vias, exercendo o trabalho como um fiscal de trânsito ou centro de tráfego de veículos de uma cidade, sendo responsável pela instalação de placas, radares de velocidade e semáforos pelos diferentes caminhos urbanos, garantindo que os educadores estejam equipados e inspirados. Perceba: essa estrada trabalha em paralelo à do professor, oferecendo suporte estrutural e visão para o futuro educacional, essencial para o avanço harmonioso da instituição.

A família trilha uma senda emocional e de suporte, uma via vitalícia que fornece os alicerces afetivos e o encorajamento que sustentam cada passo da jornada educacional de uma criança. Essa estrada é feita de laços e de amor, necessários para o equilíbrio e bem-estar emocional dos estudantes. Em conjunto com esses caminhos, há inúmeras outras vias menores e igualmente importantes trilhadas por outros profissionais de saúde, assistentes sociais, e a própria comunidade, cada qual contribuindo com seus próprios recursos e especialidades. Essas rotas, embora menos visíveis, são fundamentais para a manutenção e o enriquecimento do tecido educacional e social.

Assim como em uma cidade bem planejada, em que cada rua e avenida tem seu papel, no panorama neuroeducativo, cada ator contribui de forma única e essencial. O sucesso da jornada coletiva não reside na operação isolada de uma única rota, mas na colaboração sinérgica de todas elas, formando um mapa coeso, que conduz não apenas ao conhecimento acadêmico, mas à formação de cidadãos capazes de aprender. Por isso, usamos o termo "caminhos", deixando claro que não se trata de uma rota exclusiva, mas sim de um complexo rodoviário que permite o trânsito de diferentes cérebros pelos caminhos da vida.

Agora, passaremos a contar como foram pavimentados esses caminhos neuroeducativos. Em meados de 2013, algo inesperado cruzou nossos caminhos e nos conectou. Naquela época, Ana mantinha uma página no Facebook chamada "Neurociência em benefício da educação"[1], em que compartilhava conhecimentos sobre neurociência para professores. Uma pintura do artista

---

[1] HENNEMANN, A. L. [s.d]. **Neuropsicopedagogia na sala de aula**. Disponível em: https://neuropsicopedagogianasaladeaula.blogspot.com/. Acesso em: 5 jul. 2024.

M. C. Escher[2] foi enviada pelo Tiago no bate-papo do Facebook. No ano anterior, ele havia publicado um ensaio sobre a relação entre a Arte de Escher e a Ciência de Charles Darwin.[3] A imagem enviada foi *Drawing Hands*, uma obra fascinante em que duas mãos se desenham mutuamente. Pena que não podemos reproduzir a imagem aqui por questões de direitos autorais. Mas vale a pena buscar no Google Imagens para conhecê-la. Pois bem, o envio da imagem do Tiago para a Ana se tornou o ponto de partida de um caminho que mudaria nossas vidas e, por consequência, de muitos educadores e estudantes.

A imagem de Escher, acompanhada de um texto reflexivo, foi imediatamente compartilhada na página, e ali começava nossa troca de ideias e pavimentação de um novo caminho. A partir daquela simples interação online, uma amizade começou. Passamos a trocar mensagens, *insights* e sonhos sobre como a neurociência poderia mudar a educação. Com o tempo, percebemos que nossas discussões não eram apenas acadêmicas; eram a base para algo maior. Nascia a ideia da Clickneurons[4], uma plataforma destinada a rastrear e compreender os processos cognitivos das crianças de 6 a 15 anos, especialmente aquelas com dificuldades e transtornos de aprendizagem.

Mas não foi tão simples e repentino assim como parece ser. Tudo começou como uma trilha, e demorou anos para o pequeno canal aberto ganhar contornos de um caminho mais largo e pavimentado, pelo qual outros profissionais pudessem transitar e usufruir de seus benefícios e apreciar a vista. Mas, hoje, a Clickneurons se transformou em um anel rodoviário digital, que reflete nossas convicções e aprendizados. Juntos, combinamos nossos conhecimentos e criamos jogos, avaliações digitais e programas completos de avaliação e intervenção neuropsicopedagógicos, que auxiliam profissionais clínicos e educadores a identificarem e apoiarem crianças em suas jornadas de aprendizagem. A sinergia entre nós resultou em uma plataforma que é mais do que a soma de nossas partes; é uma verdadeira obra de engenharia digital e instrumento de transformação educacional. De maneira similar, caminhos geográficos notáveis, como a Rota da Seda, os Caminhos Incas, as Estradas Romanas, a

---

[2] ESCHER, M. C. [s.d]. **Drawing hands large poster**. Disponível em: https://mcescher.com/product/poster-large-drawing-hands-bl-w/. Acesso em: 5 jul. 2024.

[3] EUGÊNIO, T. Um olhar evolucionista para a obra de M. C. Escher. **Ciência e Cognição**, 2012, 17(2), 129-144.

[4] Disponível em: https://clickneurons.com.br. Acesso em: 5 jul. 2024.

Transiberiana e o Canal do Panamá desempenharam papéis fundamentais na história humana. Essas rotas não só facilitaram o comércio e a comunicação entre civilizações distantes, como também promoveram intercâmbios culturais e tecnológicos que transformaram sociedades inteiras, assim como a Clickneurons tem pavimentado novas vias para a educação e a intervenção neuropsicopedagógica no Brasil. Através desses caminhos digitais, estamos abrindo novas rotas de acesso ao conhecimento e à intervenção educacional, refletindo o poder transformador do caminho neuroeducativo no contexto escolar.

Assim, trazemos a você esta obra, que é um testemunho de nossa colaboração e um caminho estruturado pelo universo da neurociência aplicada à educação. Cada volume desta coleção representa uma etapa desse caminho pelo cérebro humano. A partir da constatação de que há uma galáxia de bilhões de neurônios interconectados em cada um de nós, convidamos você, querido leitor, a realizar uma viagem espacial pelo caminho neuroeducativo, revelado ao longo dos capítulos deste volume. Na verdade, o primeiro volume é o lançamento da nave, em que estabelecemos os **fundamentos da neurociência e clamamos por uma educação mais atenta à identificação das Dificuldades e Transtornos Específicos da Aprendizagem (TEAp)** – especialmente em relação à avaliação e monitoramento das habilidades essenciais de aprendizagem mostradas a seguir, na Figura 1.

Figura 1 Habilidades essenciais da aprendizagem rastreadas pela Plataforma Educacional Neurons.

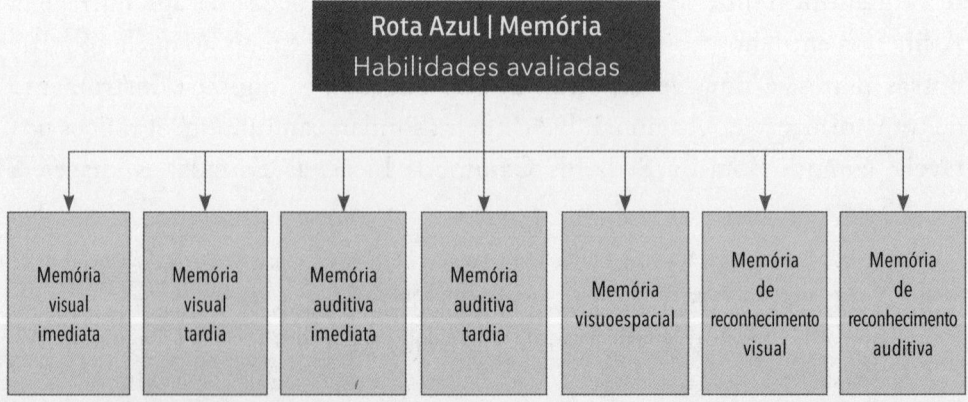

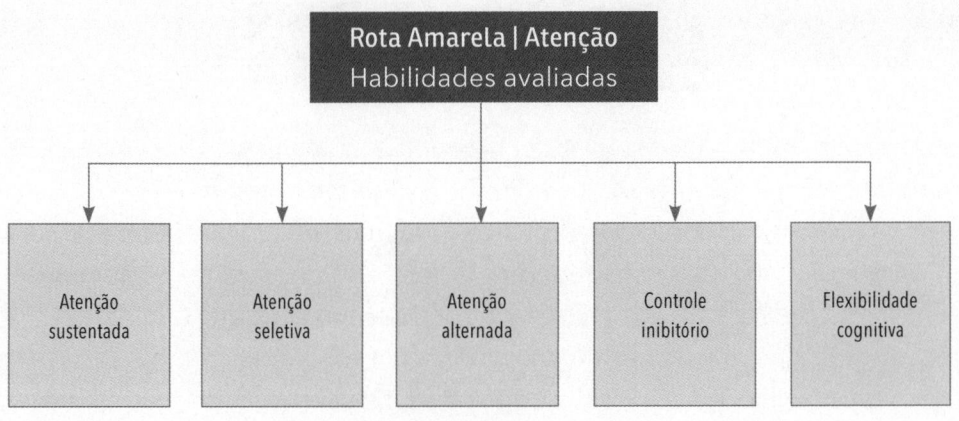

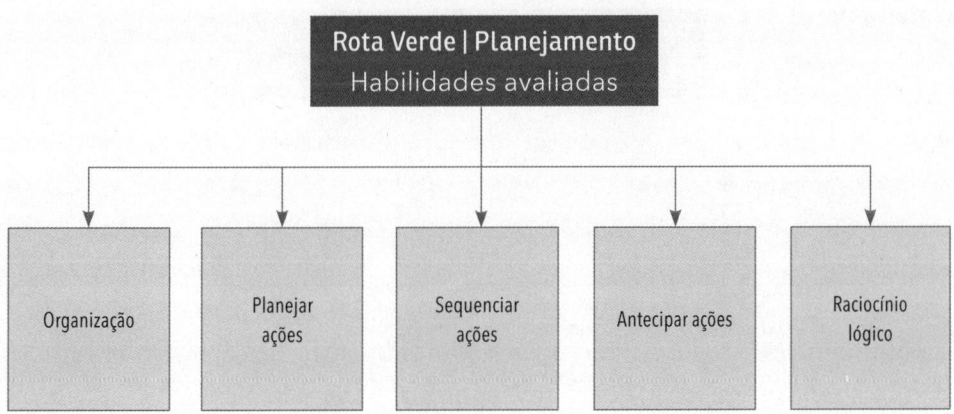

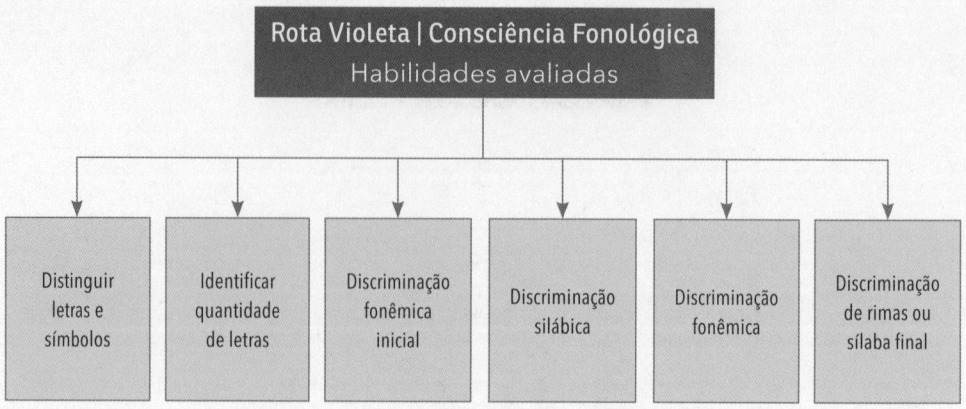
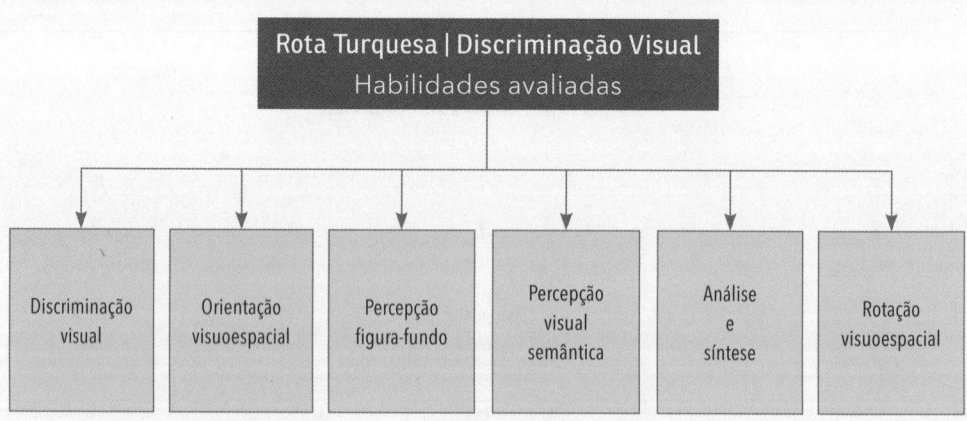
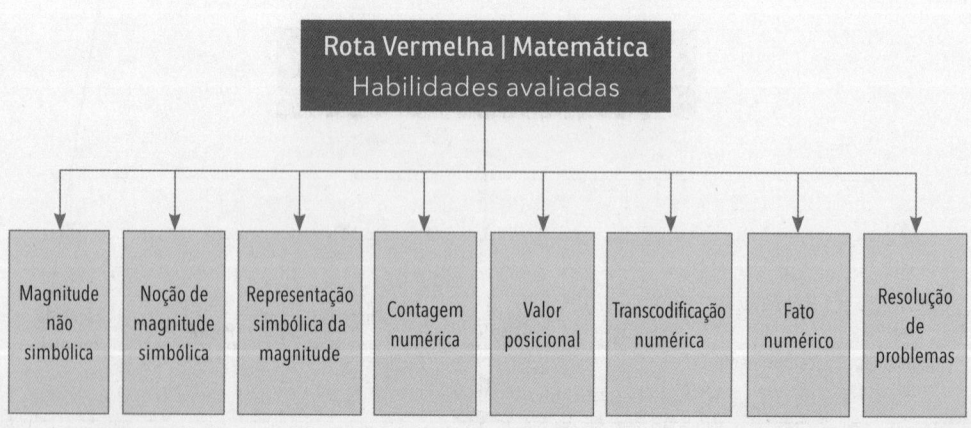

Iremos contar a história de alguns passageiros e tripulantes dessa viagem, caso do aluno João, da professora Alice, do coordenador pedagógico Carlos, de um pai preocupado com o desenvolvimento de sua filha, Clara, e da Dra. Helena, uma neuropsicopedagoga que irá implementar um novo caminho e uma nova cultura de avaliação e intervenção em uma escola. Esses personagens têm como objetivo contextualizar situações cotidianas do contexto escolar e alertá-los sobre a tese defendida nesta coleção: **a importância de rastrear habilidades cognitivas e identificar as que não estão desenvolvidas e precisam de mais atenção e estimulação por parte dos educadores.** Tome essa frase anterior como uma placa de boas-vindas ao caminho neuroeducativo. Embora este livro seja intitulado *Identificação Precoce das Dificuldades e Transtornos de Aprendizagem*, nosso objetivo não é reproduzir critérios de diagnósticos desses transtornos, tampouco esgotar suas descrições. Para isso, recomendamos enfaticamente o uso do DSM-5-TR[5], cuja versão mais atualizada foi publicada em 2022. Nosso enfoque neuroeducativo não pretende replicar essas ideias, mas sim pavimentar um caminho metodológico, oferecendo uma visão abrangente de como pais, profissionais da área de educação e saúde podem seguir essa trilha. O objetivo deste primeiro volume é transparente: mostrar caminhos para identificar precocemente essas dificuldades e intervir de maneira eficaz, minimizando os impactos que podem causar na vida de uma criança.

No segundo volume da coleção, exploraremos os astros das **funções executivas** em um caminho neuroeducativo recheado de sugestões de atividades para desenvolver habilidades, como memória de trabalho, planejamento e controle inibitório. No terceiro, percorreremos os caminhos e as constelações da **linguagem, leitura e escrita**. E, finalmente, no quarto volume, chegaremos a um novo sistema solar, focando no caminho neuroeducativo da **aprendizagem da matemática**. É uma coleção simples e direta, focada nos anos iniciais do Ensino Fundamental. Esta coleção não tem a pretensão de ser um texto acadêmico, nem um artigo científico, mas uma exploração vibrante e acessível pelos caminhos da ciência da aprendizagem. Manteremos uma linguagem simples, alicerçada sobre fontes confiáveis de informação, mas, repetimos, nosso objetivo é divulgar a ciência de maneira descomplicada e

---

[5] AMERICAN PSYCHIATRIC ASSOCIATION. **Diagnostic and statistical manual of mental disorders.** (5th ed., text rev.). Washington, DC: American Psychiatric Publishing, 2022.

O caso do João: preguiça ou desafio cognitivo?

Encontramos João em uma escola de Ensino Fundamental. O menino, de nove anos, estava enfrentando grandes dificuldades na sala de aula. Os professores frequentemente o rotulavam como preguiçoso e desmotivado. Ele parecia alheio às aulas, nunca completava as tarefas e suas notas eram consistentemente baixas em **leitura, escrita e matemática**. Para muitos, João era apenas mais um aluno que não se esforçava o suficiente. Mas será que o caso de João era realmente um caso de preguiça? Um dia, uma professora nova, chamada Alice, começou a observar João com mais atenção. Em vez de apenas aceitar a narrativa da preguiça, Alice decidiu percorrer outro caminho. Ela se perguntou se poderia haver algo mais por trás do comportamento de João.

Alice reportou o caso a uma colega, que prontamente a auxiliou com indicações de avaliações para serem aplicadas em toda a turma e, dessa forma, possibilitar a análise do desempenho de todos. As dificuldades de João ficaram muito nítidas em comparação a seus pares; sendo assim, foi organizado um **processo de intervenção** delineado, inicialmente, para toda a turma. Contudo, as dificuldades de João em manter a atenção e em planejar suas tarefas persistiram, apesar das intervenções ocorrerem de modo sistemático. Essas dificuldades eram sinais claros de que algo não estava funcionando bem nos processos cognitivos de João, tanto que na testagem pós-intervenção, foi perceptível que ele tinha um déficit em suas **funções executivas**[2], especialmente

---

[2] CENTER ON THE DEVELOPING CHILD AT HARVARD UNIVERSITY. **Construção do sistema de "Controle de Tráfego Aéreo" do cérebro:** como as primeiras experiências moldam o desenvolvimento das funções executivas (Estudo n. 11). Cambridge: Harvard University, 2011.

em termos de atenção. Resumo da ópera: ele não era preguiçoso; seu cérebro simplesmente funcionava de maneira diferente. Essa é a história abre-alas deste livro; de maneira resumida, ela representa todo o raciocínio que detalharemos ao longo dos próximos capítulos. Nossa nave agora está pronta para decolar e seguir um caminho neuroeducativo em busca de novos significados para uma educação genuinamente inclusiva e transformadora.

Mais do que ensinar, é preciso conhecer como o cérebro aprende

A história de João é um exemplo claro de como a simples rotulagem de um aluno pode mascarar problemas mais profundos. Ensinar vai além de apenas transmitir informações; é fundamental entender como o cérebro aprende. Cada aluno tem um modo único de processar informações, e conhecer esses modos transforma a abordagem educacional.[3]

A tese defendida aqui é simples: escolas que adotarem protocolos de avaliação, mapearem o desenvolvimento cognitivo dos alunos e intervierem prontamente, poderão oferecer suporte mais cedo àqueles que enfrentam desafios em seu processo de aprendizagem. Nosso objetivo é mostrar como profissionais que atuam na interface saúde e educação, tal qual o do neuropsicopedagogo, podem auxiliar a implementar o caminho neuroeducativo e a cultura de avaliação de habilidades cognitivas, fundamentais para a aprendizagem de conteúdos e para o sucesso acadêmico dos estudantes.

A escola, durante séculos, tem sido um caminho de referência para a promoção da aprendizagem humana. Práticas de leitura, escrita e habilidades matemáticas fazem parte do cotidiano escolar. Ano após ano, profissionais da educação participam de formações continuadas, estudando teorias de aprendizagem, leis que embasam a educação e metodologias de ensino. Aprimorar as metodologias

---

Disponível em: https://developingchild.harvard.edu/translation/construindo-o-sistema-de-controle-de-trafego-aereo-cerebro/. Acesso em: 11 jul. 2024.

[3] COSENZA, R. M. **Neurociência e educação**: como o cérebro aprende. Porto Alegre: Artmed, 2011.

Reconceituar o protagonismo na educação é entender que colocar o aluno no centro é um esforço coletivo. É um compromisso de toda a comunidade escolar oferecer uma educação que respeite as individualidades e valorize o potencial de cada um (Figura 1.1). Protagonismo é habilitar os alunos para que sejam ativos em seu aprendizado, com o apoio constante e orientado dos professores e da escola.

Figura 1.1 Mapa de atores e suas relações estabelecidas no processo de aprendizagem.

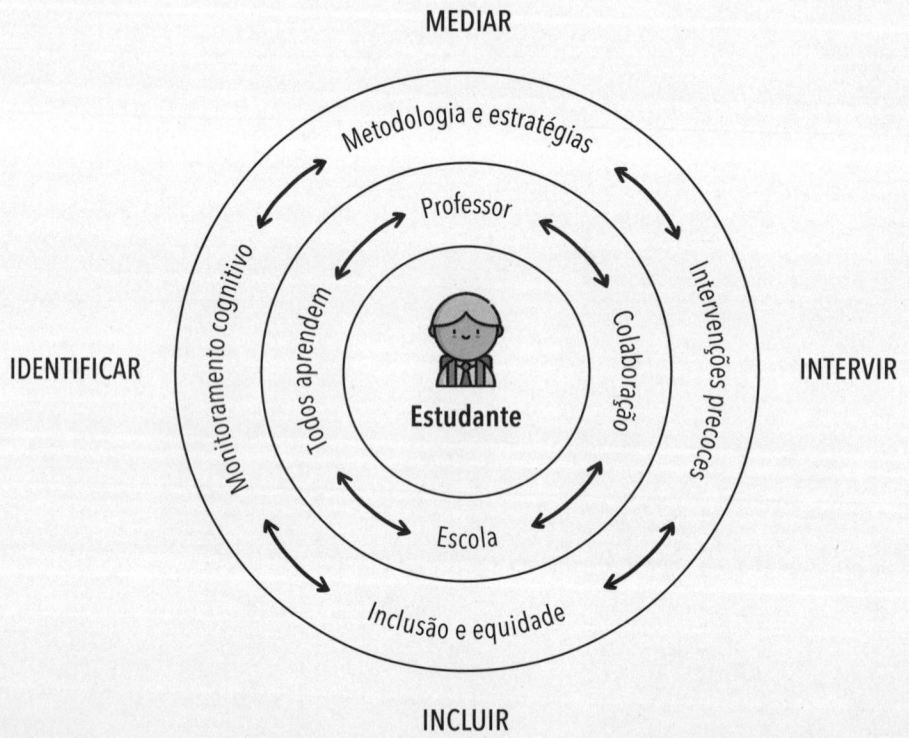

Fonte: elaborada pelos autores.

A tese central defendida neste livro se desdobra em outros caminhos e pontos de reflexão. Por exemplo, protagonismo não é sinônimo de independência total dos alunos, mas sim de uma educação centrada nas necessidades de cada estudante, com o objetivo de garantir que todos possam aprender e se desenvolver de maneira plena, independentemente das adversidades e condições neurológicas, econômicas e/ou sociais. Sabemos que esse desafio não é simples, no entanto, governos que, genuinamente, priorizam a educação em suas agendas devem obrigatoriamente pensar sobre essa perspectiva inclusiva. Como educadores, nosso papel é criar um ambiente que possibilite a aprendizagem inclusiva e equitativa, focada no desenvolvimento dos processos cognitivos e na detecção precoce de dificuldades de aprendizagem, preparando nossos alunos para enfrentar os desafios da vida com confiança e competência.

> PROTAGONISMO NÃO SIGNIFICA INDEPENDÊNCIA DOS ALUNOS, MAS SIM UMA EDUCAÇÃO CENTRADA NAS NECESSIDADES INDIVIDUAIS, GARANTINDO QUE TODOS POSSAM APRENDER.

Em cada sala de aula dos anos iniciais, os professores se deparam com um universo de crianças ávidas por aprender. Essas crianças se encontram em períodos de grande **plasticidade cerebral**, momento em que o sistema nervoso apresenta maior maleabilidade.[7] Desse modo, o caminho da aprendizagem pode ser consolidado com mais velocidade de processamento. Um exemplo claro disso é a facilidade com que as crianças aprendem a utilizar recursos tecnológicos em comparação a um adulto, que está tendo suas primeiras experiências com esses recursos.

A compreensão de como enriquecer as experiências de aprendizagem nos anos iniciais é crucial para o desenvolvimento integral das crianças. Isso permite que educadores estabeleçam caminhos sólidos para uma educação que respeite os princípios do funcionamento cerebral. Esses fundamentos não apenas suportarão o aprendizado futuro, mas também têm o potencial de transformar o cenário preocupante da educação brasileira, em que os níveis de proficiência em leitura, escrita e matemática frequentemente ficam aquém do necessário.

---

[7] SOUSA, L. B. de. et al. Neuroeducation: An approach to brain plasticity in learning. **Amadeus International Multidisciplinary Journal**, out. 2019, v. 4, n. 7.

e como podemos apoiar melhor os alunos em seu desenvolvimento. A neurociência oferece *insights* valiosos, que podem transformar a abordagem educacional, permitindo que os professores criem ambientes de aprendizagem mais eficazes e inclusivos.

Sabemos que muito material de divulgação sobre essa temática já foi produzido, porém, o impacto na ponta, ou seja, sobre os professores parece limitado. Já ouvimos muitos educadores dizendo que participaram de cursos sobre neurociência em que o ministrador falava sobre a necessidade de mudança da maneira mais tradicional e conteudista possível. A crítica faz sentido. Nosso objetivo, nesta obra, é jamais desprestigiar os métodos tradicionais de ensino, mas como já destacamos, é preciso alertar a respeito da importância do monitoramento contínuo e da intervenção o mais precocemente possível sobre as dificuldades de aprendizagem detectadas.[15] Essas são as "placas" de trânsito mais visualizadas ao longo dos nossos caminhos neuroeducativos.

Por exemplo, estudos neurocientíficos mostram que a **atenção** é um recurso limitado e que pode ser melhorada com estratégias adequadas. Em vez de longas aulas expositivas, dividir o conteúdo em blocos menores e intercalar atividades diferentes pode ajudar a manter a atenção dos alunos. Além disso, a memória de trabalho é essencial para a aprendizagem, e técnicas como o *chunking* (agrupamento de informações) podem facilitar a retenção e o processamento de informações.[16]

Outro aspecto importante é a **motivação**, que está intimamente ligada às emoções. Ambientes de aprendizagem emocionalmente positivos e seguros promovem mais engajamento e retenção do conteúdo. Práticas como o *feedback* construtivo, o reconhecimento das conquistas dos alunos e a criação de uma atmosfera de respeito e apoio podem fazer grande diferença.[17]

A **neuroplasticidade**, ou a capacidade de o cérebro se reorganizar e formar novas conexões, também é um conceito essencial. Ela nos mostra que o

---

[15] A par disso, mostraremos caminhos e sugestões de atividades para o processo de intervenção realizado pelo professor, psicopedagogo, neuropsicopedagogo institucional ou clínico.

[16] Para entender os *chunkings* você pode acessar o curso "Learning How to Learn" de Barbara Oakley, Terrence Sejnowski e Alistair Marsola, disponível na Coursera. Esse curso aborda técnicas eficazes de aprendizado, incluindo a formação de *chunks* – unidades de informação agrupadas que ajudam a melhorar a retenção e o entendimento.

[17] COSENZA, R. M. **Por que não somos racionais**. Porto Alegre: Artmed, 2016.

cérebro é maleável e que intervenções precoces podem ter um impacto significativo. Programas de intervenção podem ajudar a fortalecer determinados processos cognitivos e desenvolver novas habilidades, especialmente em alunos com dificuldades de aprendizagem.[18]

Além disso, é vital que os profissionais da educação compreendam que ensinar não é apenas transmitir conhecimento, mas também entender como os alunos processam e internalizam esse conhecimento. O conteúdo curricular é importante e deve ser mantido, mas ele deve ser integrado a uma abordagem mais holística, que considere os processos cognitivos e as necessidades individuais dos alunos. Essa é a matéria-prima que pavimenta os nossos caminhos neuroeducativos.

Romantizar o processo de aprendizagem pode levar a uma visão simplista e idealizada do que significa aprender e ensinar. Quando professores negligenciam as complexidades e os desafios reais do processo de aprendizagem, correm o risco de ignorar as dificuldades que muitos alunos enfrentam. Isso pode resultar em frustração tanto para os alunos quanto para os educadores, perpetuando um ciclo de expectativas não atendidas e desempenhos aquém do esperado. É essencial que os professores reconheçam e compreendam os processos cognitivos subjacentes à aprendizagem. Ignorar esses saberes pode levar à aplicação de métodos pedagógicos ineficazes, que não conseguem engajar ou apoiar adequadamente todos os alunos.

Acreditamos que a compreensão das bases neurocientíficas da aprendizagem permite aos professores desenvolverem estratégias de ensino mais inclusivas e adaptadas às necessidades individuais. Ao longo dos capítulos, queremos ilustrar como uma escola sentiu a necessidade de percorrer um caminho neuroeducativo e contratar uma especialista em processos cognitivos; como essa escola passou a olhar a avaliação de outra maneira, pela ótica dos conhecimentos trazidos por meio das neurociências; e como, a partir disso, engajou os educadores a cocriarem, com auxílio da abordagem do *design thinking*, um plano de intervenção focado nas necessidades específicas dos estudantes.

Ademais, é importante que os professores estejam atentos às barreiras emocionais que podem interferir na aprendizagem. A ansiedade, o estresse e a falta de confiança podem ter um impacto significativo no desempenho dos

---

[18] LENT, R. et al. **Ciência para a educação**: uma ponte entre dois muros. São Paulo: Atheneu, 2016.

do João. Com o conhecimento certo, professores podem transformar a vida de seus alunos, ajudando-os a superar barreiras que, de outra maneira, seriam vistas como falta de esforço ou de capacidade.

Contribuições práticas da neurociência para a sala de aula

A seguir, listamos algumas das maneiras práticas pelas quais as neurociências podem contribuir para o trabalho na sala de aula:

Tabela 1.1 Contribuições das neurociências para o contexto educacional.

Dimensão Cognitiva	Descrição	Aplicação Prática
Entendimento dos processos de leitura	A leitura envolve várias áreas do cérebro. Compreender essas interações pode desenvolver métodos de alfabetização mais eficazes.	Utilizar fonemas, integrar recursos multissensoriais (auditivos, visuais e cinestésicos) para melhorar a capacidade de leitura.
Importância do sono	O sono é crucial para a consolidação da memória.	Reconsiderar a quantidade de tarefas para casa e horários das aulas para garantir descanso adequado.
Estratégias de atenção	A atenção é limitada e pode ser maximizada com intervalos regulares e atividades variadas.	Incorporar pausas ativas durante as aulas para manter a concentração e melhorar a absorção do conteúdo.
Motivação e emoções	As emoções influenciam a motivação e a capacidade de aprender.	Criar um ambiente emocionalmente seguro e estimulante para melhorar o desempenho dos alunos.
Plasticidade neural	A capacidade do cérebro de se reorganizar e formar novas conexões ao longo da vida.	Implementar programas de intervenção precoce para fortalecer áreas cognitivas e desenvolver novas habilidades.

Dimensão Cognitiva	Descrição	Aplicação Prática
Processos cognitivos	Compreender a atenção, memória, percepção e outras funções cognitivas essenciais para a aprendizagem.	Adaptar metodologias de ensino que considerem as limitações e potencialidades dos processos cognitivos dos alunos.
Abordagens multissensoriais	A aprendizagem é enriquecida quando múltiplos sentidos são envolvidos.	Integrar atividades que utilizem recursos visuais, auditivos, táteis e cinestésicos para facilitar a aprendizagem.
Janelas de oportunidade	Períodos em que o cérebro está particularmente receptivo a certos tipos de aprendizagem.	Planejar intervenções e atividades pedagógicas que aproveitem esses períodos críticos para maximizar o aprendizado.
Memória operacional	Essencial para a resolução de problemas e compreensão de textos.	Utilizar técnicas de *chunking* para dividir o conteúdo em blocos menores e mais gerenciáveis, facilitando a retenção.
Resistência a distrações	Habilidade de focar em tarefas específicas sem se distrair.	Ensinar estratégias de autorregulação e criar ambientes de aprendizagem que minimizem distrações.
Integração de tecnologias	Utilização de ferramentas tecnológicas para apoiar a aprendizagem.	Incorporar recursos tecnológicos interativos que engajem os alunos e complementem os métodos tradicionais de ensino.
Desenvolvimento socioemocional	A interação social e a regulação emocional como componentes fundamentais do processo de aprendizagem.	Promover atividades colaborativas e ensinar habilidades de regulação emocional para melhorar o ambiente de aprendizagem.

Fonte: elaborada pelos autores.

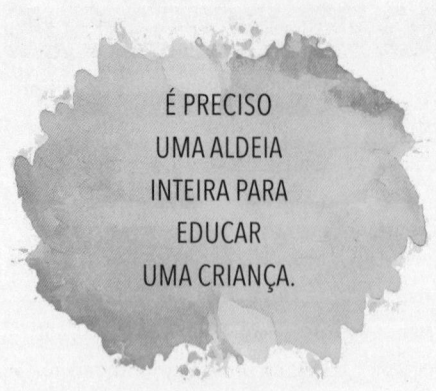

É PRECISO UMA ALDEIA INTEIRA PARA EDUCAR UMA CRIANÇA.

Retomando a história de João, após um período de intervenção e reavaliação de seus processos cognitivos, ele foi convidado a participar de intervenções, em pequenos grupos, com alunos que também apresentassem dificuldades semelhantes – as intervenções ficaram mais pontuais e alinhadas às especificidades de cada estudante. Seus problemas de atenção foram mais bem compreendidos e, com estratégias adequadas, conseguiu melhorar seu desempenho acadêmico. João não era preguiçoso, apenas precisava de um caminho que reconhecesse e respondesse às suas necessidades cognitivas.

O provérbio africano "É preciso uma aldeia inteira para educar uma criança" resume uma verdade profunda sobre o processo educativo. A educação de uma criança não é tarefa solitária; é uma responsabilidade compartilhada que envolve diversos caminhos e atores, cada um desempenhando um papel importante. A aldeia moderna que educa uma criança inclui não apenas a família e a escola, mas também uma gama de profissionais especializados, como pedagogos, neuropsicopedagogos, psicólogos, fonoaudiólogos, psicopedagogos, entre outros. Ilustraremos, ao longo desta obra, a importância dessa colaboração multidisciplinar, sempre retomando a história de João para mostrar como esses elementos se integram na prática.

Modelo bioecológico do desenvolvimento humano

Imagine que o desenvolvimento de uma criança é como uma complexa rede de jardins entrelaçados, cada um com suas próprias condições climáticas, solo e ecossistemas. No coração desse labirinto verde, encontramos o Modelo Bioecológico do Desenvolvimento Humano, de Urie Bronfenbrenner (1996)[24],

---

[24] PAPALIA, D. E.; FELDMAN, R. D.; MARTORELL, G. **O mundo da criança:** da infância à adolescência. Porto Alegre: McGraw-Hill, 2010.

uma perspectiva que nos permite ver cada estudante como uma planta única, cujo crescimento é moldado não só por sua biologia interna, mas também pelo ambiente ao seu redor. Esse modelo é uma ponte para entender como as conexões neurais de uma criança não são apenas um reflexo de suas interações internas, mas também de suas experiências externas. No modelo de Bronfenbrenner (Figura 1.2), o desenvolvimento é compreendido por meio de sistemas concêntricos que interagem entre si. O sistema mais íntimo, o **microssistema**, inclui as interações diretas da criança, como a família, a escola e os amigos. Para um educador, entender esses relacionamentos diretos é essencial, pois são eles que mais afetam a aprendizagem e o desenvolvimento neural, como ilustra a história do João.

Expandindo para o **mesossistema**, que liga os diferentes microssistemas da vida de uma criança, e o **exossistema**, que envolve as influências indiretas, como a situação da família ou políticas educacionais, nós, educadores, começamos a ver como fatores externos mais amplos podem afetar o desenvolvimento cognitivo e emocional. A neurociência nos ensina que o estresse, a segurança, e o estímulo intelectual provenientes desses sistemas mais amplos podem influenciar significativamente a plasticidade neural, a capacidade do cérebro de se adaptar e mudar em resposta ao ambiente. Por sua vez, o **macrossistema** abrange as crenças culturais, valores, costumes e leis que moldam o ambiente em que a criança se desenvolve. A neurociência aponta que as normas culturais podem afetar a maneira como o cérebro processa informações e reage emocionalmente, evidenciando a necessidade de práticas educativas culturalmente sensíveis e inclusivas. Finalmente, o chamado **cronossistema**, que inclui as mudanças ocorridas ao longo do tempo na vida da criança e nos sistemas ao seu redor, lembra-nos que o desenvolvimento é um processo contínuo, influenciado por transições e eventos de vida.

Assim como jardineiros que cuidam de suas plantas ajustando as condições de acordo com as necessidades específicas de cada uma, nós, educadores, podemos utilizar o modelo bioecológico em conjunto com a neurociência para cultivar um ambiente de aprendizagem que reconheça as complexas camadas de influência que moldam cada estudante. Ao fazer isso, não apenas apoiamos o crescimento acadêmico, mas também promovemos o bem-estar emocional e social, essenciais ao desenvolvimento integral de cada criança.

Figura 1.2 Esquema simplificado do modelo bioecológico de Bronfenbrenner.

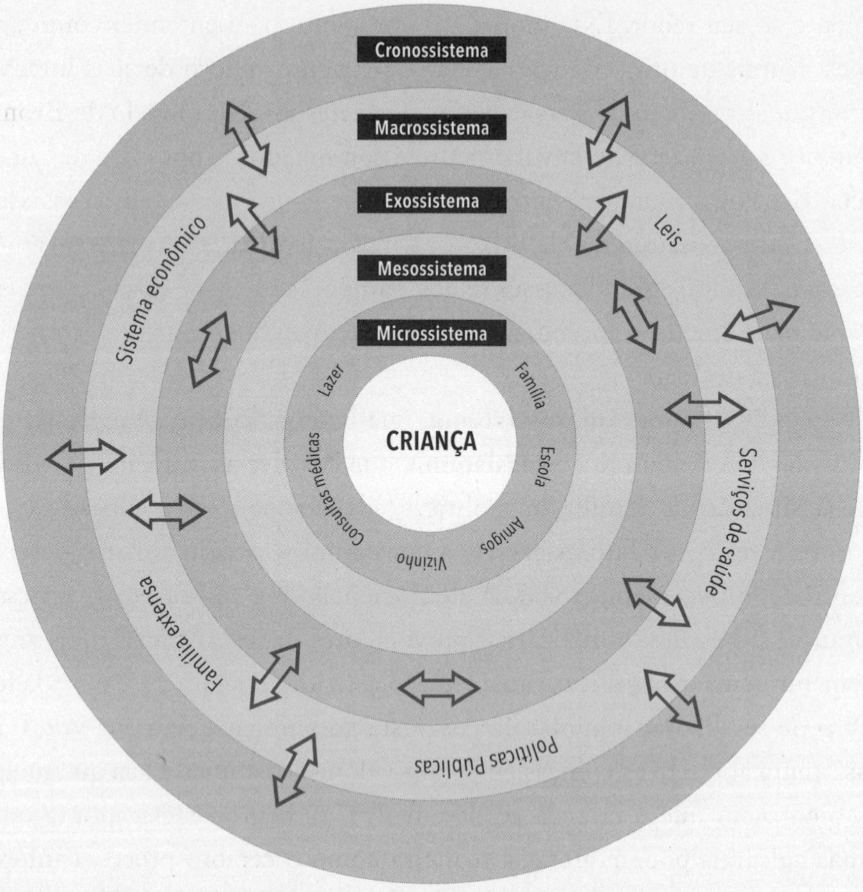

Fonte: adaptada de Papalia et al., 2010.

A família: o caminho da aprendizagem doméstica

A família é o primeiro núcleo de aprendizagem de uma criança. É no ambiente familiar que a criança começa a desenvolver suas primeiras habilidades cognitivas e socioemocionais. Os pais e responsáveis desempenham um papel fundamental na formação dos valores, atitudes e comportamentos que a criança levará para a escola e para a vida. No caso de João, seus pais inicialmente também acreditavam que ele era preguiçoso, uma visão que se refletia em seu comportamento na escola. No entanto, uma vez que entenderam a importância dos processos cognitivos e começaram a colaborar mais estreitamente com a escola e os profissionais especializados, forneceram o suporte emocional e prático necessário para ajudar João a superar suas dificuldades.

Os pais contribuem significativamente para a educação dos filhos ao promoverem um ambiente doméstico que estimule a curiosidade e a vontade de aprender. Ler para as crianças, envolvê-las em atividades educativas, discutir o que aprendem na escola e estabelecer rotinas que incentivem a disciplina e a responsabilidade são algumas das maneiras pelas quais a família pode apoiar a aprendizagem. O PNA discorre sobre a importância da família como agente do processo de alfabetização e, por conseguinte, da aprendizagem, enfatizando práticas de literacia familiar.[25] Além disso, a participação ativa dos pais na vida escolar das crianças, como comparecer a reuniões de pais e mestres e colaborar com os professores, reforça a importância da educação e cria um caminho de apoio sólido.

A escola: o caminho da aprendizagem estruturada

A escola é o ambiente no qual a aprendizagem estruturada ocorre. É aqui que os conhecimentos formais são transmitidos e as habilidades acadêmicas são desenvolvidas. Professores, coordenadores e diretores são responsáveis por criar um ambiente de aprendizagem que seja inclusivo e estimulante. Contudo, a escola não pode atuar de forma isolada. A colaboração com a família e outros profissionais é essencial para entender e atender às necessidades individuais de cada aluno.

No caso do João, a professora Alice desempenhou um papel decisivo ao perceber que suas dificuldades iam além da simples falta de esforço. Ao utilizar caminhos neuroeducativos, ela pôde auxiliar na identificação dos déficits nas funções executivas de João e adaptar suas estratégias de ensino para melhor atendê-lo. A escola também desempenha um papel vital na socialização das crianças. É onde elas aprendem a interagir com os colegas, desenvolvem habilidades de comunicação e aprendem a trabalhar em grupo. Essas habilidades sociais são essenciais para o desenvolvimento integral e são tão importantes

---

[25] BRASIL, 2019.

quanto as habilidades acadêmicas. Perceba que os professores que compreendem a importância dos processos cognitivos e socioemocionais podem criar um ambiente de aprendizagem que não apenas promove o conhecimento, mas também o bem-estar emocional e social dos alunos.

Profissionais multidisciplinares: o caminho para a aprendizagem Integrada

A inclusão de profissionais especializados, como neuropsicopedagogos, por exemplo, é essencial para a implementação de caminhos neuroeducativos no contexto escolar. Esses profissionais possuem conhecimentos aprofundados sobre o funcionamento do cérebro e os processos cognitivos envolvidos na aprendizagem. Eles podem realizar avaliações detalhadas e fornecer intervenções específicas para apoiar o desenvolvimento cognitivo e acadêmico das crianças – como veremos no passo a passo desse processo apresentado nos Capítulos 4, 5 e 6 deste livro.

Os neuropsicopedagogos utilizam ferramentas e métodos para sondar as habilidades cognitivas preditoras da alfabetização, como discriminação visual, discriminação auditiva, consciência fonológica, memória operacional e capacidade de atenção. Esses profissionais podem ajudar a identificar problemas que não são facilmente perceptíveis em um ambiente de sala de aula tradicional. No caso do João, a intervenção de um neuropsicopedagogo auxiliou a identificar suas dificuldades de atenção desde cedo, permitindo uma intervenção mais rápida e eficaz.

A comunidade: o caminho da aprendizagem estendida

A aldeia moderna também inclui a comunidade mais ampla, que pode oferecer recursos e suporte adicional para a educação das crianças. Bibliotecas, centros comunitários, programas extracurriculares e serviços de saúde mental são componentes importantes, que podem complementar a educação formal e proporcionar experiências de aprendizagem ricas e diversificadas.

Por exemplo, programas de leitura em bibliotecas locais podem incentivar as crianças a desenvolverem o amor pela leitura desde cedo. Centros comunitários que oferecem atividades extracurriculares, como esportes, artes e música, podem ajudar as crianças a explorar e desenvolver talentos que não são necessariamente abordados na escola. Serviços de saúde mental podem apoiar as crianças que enfrentam desafios emocionais ou comportamentais, garantindo que tenham o suporte necessário para prosperar.

Um aspecto vital da aldeia moderna é a interdisciplinaridade na educação. Professores, pais e profissionais especializados precisam trabalhar juntos, compartilhando conhecimentos e estratégias. Isso significa que a educação não deve ser vista apenas como responsabilidade dos professores ou dos pais, mas como uma colaboração contínua entre todos os envolvidos. A interdisciplinaridade permite que cada ator contribua com sua expertise, criando um caminho neuroeducativo mais robusto e abrangente.

Por exemplo, em vez de ver as dificuldades de João como um problema isolado, sua professora Alice colaborou com os pais e um neuropsicopedagogo para desenvolver uma abordagem integrada. Esse plano considerava os processos cognitivos de João, suas necessidades socioemocionais, e as estratégias pedagógicas mais eficazes para ajudá-lo a progredir. Essa abordagem colaborativa foi essencial para ele pudesse superar suas dificuldades e alcançar seu potencial.

A história de João nos mostra que educar uma criança é tarefa complexa que requer a colaboração de toda a aldeia moderna. Família, escola, profissionais especializados e a comunidade devem trabalhar juntos para criar um ambiente de aprendizagem que atenda às necessidades cognitivas e socioemocionais das crianças. Compreender e aplicar os conhecimentos da neurociência na educação, ou seja, percorrer um caminho neuroeducativo é um passo fundamental para garantir que cada criança tenha a oportunidade de desenvolver todo o seu potencial.

Na aldeia moderna, cada componente desempenha um papel essencial. Assim como uma comunidade próspera requer manutenção e cuidado contínuos, a educação das crianças deve focar na **prevenção e detecção precoce** de dificuldades de aprendizagem para garantir um futuro brilhante e produtivo. Investir na prevenção e detecção é como realizar manutenção preventiva em um sistema complexo. É muito mais eficaz e menos custoso prevenir problemas do que corrigir danos já estabelecidos.

Não é difícil compreender isso. Vamos considerar, por exemplo, áreas propensas a enchentes. Cidades que sofrem com enchentes frequentes muitas vezes enfrentam enormes desafios e custos para reparar os danos causados pela água. No entanto, aquelas que detectam os riscos e investem em medidas preventivas, como sistemas de drenagem eficazes, barragens e canais de desvio, conseguem minimizar os impactos negativos. O custo inicial dessas medidas preventivas é significativo, mas, no longo prazo, evita prejuízos muito maiores e preserva vidas e propriedades.

Analogamente, na educação, identificar precocemente as dificuldades de aprendizagem é como construir esses sistemas de drenagem e barragens. Ao detectar problemas como dislexia, TDAH ou dificuldades de processamento auditivo cedo, podemos implementar intervenções que ajudem as crianças a superar esses obstáculos antes que se tornem barreiras intransponíveis ao caminho do aprendizado. Assim como a água pode ser canalizada de maneira eficiente para evitar enchentes, os recursos educacionais podem ser direcionados em caminhos para apoiar cada aluno de forma eficaz. Além disso, ao investir em detecção precoce, estamos também garantindo um desenvolvimento mais equitativo. Crianças que recebem o suporte necessário desde cedo têm mais chances de alcançar seu pleno potencial[26], contribuindo para uma sociedade mais justa e produtiva, assim como a comunidade bem-preparada para desastres naturais não só sobrevive, mas prospera, tornando-se mais resiliente e capaz de enfrentar desafios futuros.

Um bom exemplo pode ser visto no Japão, um país conhecido por sua preparação meticulosa para terremotos. O Japão investe pesadamente em infraestrutura e caminhos resistentes a terremotos, sistemas de alerta precoce e educação pública sobre como agir durante um sismo. Essas medidas preventivas salvaram inúmeras vidas e reduziram drasticamente os danos materiais em comparação com cenários em que tais medidas não são adotadas.

Da mesma maneira, na educação, preparar os alunos e detectar dificuldades precocemente pode transformar suas trajetórias de vida, evitando que dificuldades de aprendizagem se tornem obstáculos insuperáveis. Isso não apenas economiza recursos no longo prazo, mas também proporciona a cada

---

[26] BRASIL, 2021.

criança a oportunidade de desenvolver seu potencial pleno, contribuindo para uma sociedade mais forte e resiliente.

No caso de João, talvez em anos anteriores ele já estivesse apresentando as mesmas dificuldades e estas poderiam ter sido minimizadas se tivessem sido identificadas precocemente. Uma intervenção adequada poderia ter sido implementada muito antes, poupando-lhe anos de frustração e baixo desempenho acadêmico. A prevenção e detecção precoce permitem que educadores e pais intervenham antes do agravamento dos problemas, proporcionando às crianças as ferramentas e o apoio de que precisam para ter sucesso.

Profissionais como neuropsicopedagogos, podem ter sua atuação comparada ao funcionamento de um hospital, em que, inicialmente, o indivíduo precisa passar por um processo de triagem (sondagem), análise dos resultados, direcionamentos para demais setores, para que então se possa fazer o resgate de cérebros com processos cognitivos disfuncionais. Desse modo, esses profissionais são essenciais para a identificação e intervenção precoce de dificuldades de aprendizagem. A intervenção precoce pode fazer a diferença entre uma criança que luta com dificuldades de aprendizagem durante anos e uma criança que recebe o apoio necessário desde cedo. Ao compreender e tratar problemas cognitivos antes que se tornem graves, esses profissionais ajudam a construir um caminho sólido para o sucesso acadêmico e a implementação de caminhos neuroeducativos com a perspectiva e visão de protagonismo proposta aqui, na qual todos têm o direito de aprender.

Identificação precoce de processos cognitivos disfuncionais

Quando uma criança não está apresentando êxito em seu processo de aprendizagem, a **estimulação cognitiva precoce** pode fazer toda a diferença, tanto para as dificuldades de aprendizagem quanto para os transtornos específicos de aprendizagem. Inicialmente, toda criança que tem um transtorno específico de aprendizagem apresenta dificuldade na aprendizagem, mas nem toda criança que tem dificuldade tem um transtorno. Essa situação nos faz compreender que dificuldades de aprendizagem são situações passageiras e envolvem questões extrínsecas que influenciam no funcionamento intrínseco. Por exemplo, digamos que no caso de João estivessem ocorrendo situações familiares que implicassem diretamente na forma de organização da sua rotina, na qualidade do seu sono, alimentação e/ou falta de hábitos consolidados de estudo. Tudo isso são fatores temporários que, quando reorganizados, podem trazer melhoras significativas no curto prazo para o processo de aprendizagem. De maneira bem simples, podemos dizer que dificuldades de aprendizagem são situações passageiras que englobam questões pedagógicas, familiares, psicológicas e até mesmo de saúde, como quando a criança fica dias sem frequentar a escola e não tem acesso imediato aos conteúdos que foram ensinados durante sua ausência.

No entanto, os Transtornos Específicos de Aprendizagem (TEAp) são permanentes, acompanham o indivíduo ao longo da vida, podem, sim, ter seus sintomas minimizados, principalmente quando identificados precocemente e as crianças são submetidas a intervenções eficazes. Os TEAp integram os Transtornos do Neurodesenvolvimento caracterizados por déficits no desenvolvimento ou diferenças nos processos cerebrais, acarretando prejuízos no funcionamento pessoal, social, acadêmico ou funcional. Desde cedo, os sintomas dos transtornos específicos de aprendizagem estão presentes na vida do indivíduo, mas podem se manifestar somente quando as demandas exigem, justamente porque se tratam de déficits na capacidade do indivíduo de perceber ou processar informações para aprender eficiente ou precisamente questões acadêmicas (leitura, escrita e/ou matemática).

Voltando ao caso de João, apesar das intervenções feitas pela professora Alice e demais profissionais da escola, ele não obteve melhoras significativas. Assim, foi necessário encaminhá-lo para um atendimento clínico, no qual foi realizado um processo de avaliação mais criterioso, envolvendo testagens padronizadas e cronometradas. Destacamos que TEAp pode ocorrer mesmo em indivíduos com altas habilidades intelectuais, no entanto, essas dificuldades se manifestam especialmente quando as exigências de aprendizagem ou os métodos de avaliação impõem obstáculos que não podem ser superados pela inteligência inata ou por estratégias compensatórias. Conforme mencionado, os transtornos persistem ao longo da vida, mas podem ter seus sintomas minimizados com intervenções eficazes. Portanto, a identificação precoce de crianças com prejuízos na aprendizagem oportuniza que elas tenham acesso a uma estimulação cognitiva que modifique sua estrutura cerebral e minimize prováveis prejuízos acadêmicos futuros.

Investimento na educação: exemplos globais e do Brasil

Investir na prevenção e detecção precoce de dificuldades de aprendizagem é como cultivar um jardim próspero. Países que priorizam a educação e investem em programas de detecção precoce colhem os frutos de um sistema educacional mais eficaz e produtivo. O Relatório Nacional de Alfabetização exemplifica a situação de vários países que apresentam currículos educacionais focados na estimulação de habilidades pautadas em consciência fonológica desde a educação infantil. Nos Estados Unidos, no ano 2000, foi divulgado o National Reading Panel, um dos maiores relatórios voltados às pesquisas referentes à alfabetização, identificando os pilares básicos para uma alfabetização de qualidade e indicadores da importância do desenvolvimento de habilidades preditoras já na Educação Infantil. Desse modo, foram criados programas tais como o Read It Again Pre-K! (RIA), focado em estimular habilidades de narrativa, vocabulário, reconhecimento de letras e consciência fonológica.[27]

Becskeházy (2020)[28] descreve vários currículos educacionais de diferentes países, entre eles o da Irlanda, no qual as crianças, na pré-escola, sao estimuladas a: a) aprender a isolar o som inicial de uma palavra ou sílaba; b) aprender

---

[27] NATIONAL READING PANEL. **Teaching children to read**: an evidence-based assessment of the scientific research literature on reading and its implications for reading instruction. National Institute of Child Health and Human Development, National Institutes of Health. 2000. Disponível em: https://www.nichd.nih.gov/sites/default/files/publications/pubs/nrp/documents/report.pdf. Acesso em: 11 jul. 2024.

[28] BRASIL, 2021.

a isolar sons iniciais e finais em palavras escritas; c) aprender a isolar a parte de uma palavra ou sílaba, o que lhe permite rimar com outra palavra ou sílaba; d) usar conhecimento da ordem das palavras, ilustração, contexto e letras iniciais para identificar palavras desconhecidas.

Na Europa, a Inglaterra investiu num programa que visa a identificação precoce de dificuldades voltadas à alfabetização utilizando instrumentos de triagem. As crianças que apresentam risco são submetidas a programas de intervenção. Programas semelhantes são desenvolvidos no Canadá e no Reino Unido, que utilizam a resposta à intervenção para identificar precocemente crianças que têm risco de prejuízos na aquisição de habilidades básicas da aprendizagem. Nesses países, as crianças passam por avaliações em grupo, para que a escola possa mapear as que apresentam dificuldades e, desse modo agir precocemente com intervenções escolares.

O modelo Resposta à Intervenção (RTI) é uma abordagem educativa que busca identificar e apoiar alunos com dificuldades de aprendizado e comportamento. No contexto escolar, RTI é utilizada para fornecer intervenções de maneira sistemática e escalonada, de acordo com as necessidades individuais dos alunos. Abaixo estão os principais componentes da RTI:

Componentes Principais do Modelo RTI:	
Triagem Universal	Todos os alunos são avaliados para identificar aqueles que podem estar em risco de dificuldades de aprendizagem ou comportamento.
Níveis de Intervenção	Há 3 camadas representadas na Figura 1.3.

CAPÍTULO 1 • Aprendizagem requer muito mais do que a escolha de bons métodos... 27

Figura 1.3 Componentes principais da Resposta à Intervenção.

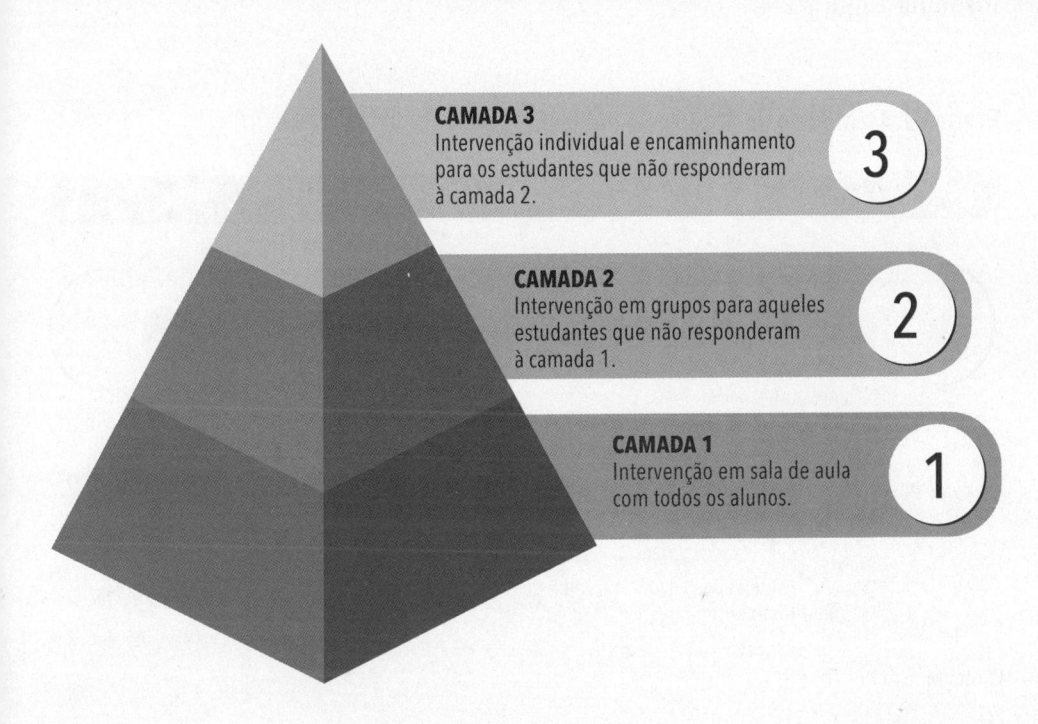

CAMADA 3
Intervenção individual e encaminhamento para os estudantes que não responderam à camada 2.

CAMADA 2
Intervenção em grupos para aqueles estudantes que não responderam à camada 1.

CAMADA 1
Intervenção em sala de aula com todos os alunos.

Monitoramento Contínuo do Progresso
Avaliações regulares para monitorar o progresso dos alunos e ajustar as intervenções conforme necessário.

Tomada de Decisão Baseada em Dados
Utilização de dados das avaliações para tomar decisões informadas sobre as necessidades dos alunos e a eficácia das intervenções.

Intervenção e Instrução Baseada em Evidências
Implementação de estratégias e práticas que têm evidências comprovadas de eficácia.

As camadas da RTI também podem ser entendidas de maneira mais detalhada na Figura 1.4.

Figura 1.4 Modelo de Resposta à Intervenção (RTI).

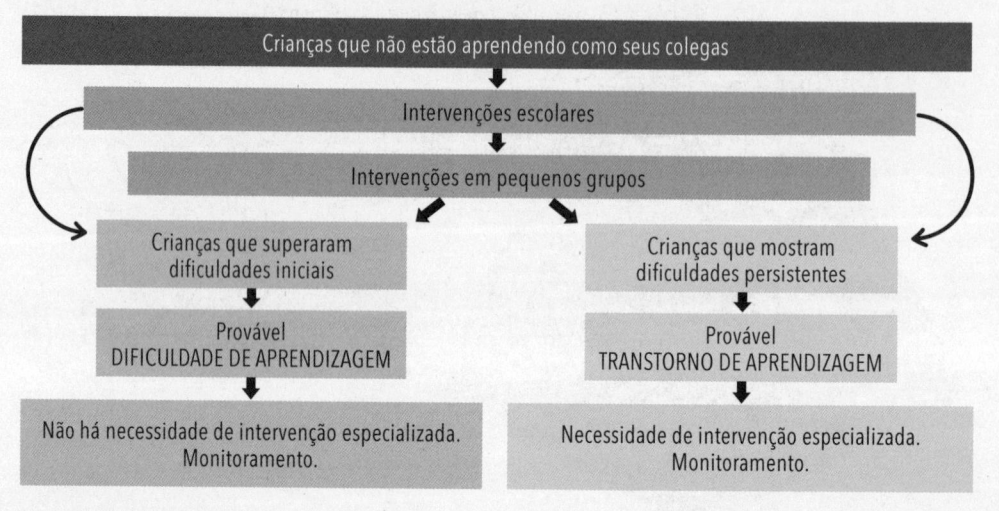

```
                Crianças que não estão aprendendo como seus colegas
                                      ↓
                           Intervenções escolares
                                      ↓
                      Intervenções em pequenos grupos
                         ↓                        ↓
        Crianças que superaram          Crianças que mostram
        dificuldades iniciais           dificuldades persistentes
                ↓                                 ↓
             Provável                          Provável
        DIFICULDADE DE APRENDIZAGEM      TRANSTORNO DE APRENDIZAGEM
                ↓                                 ↓
   Não há necessidade de intervenção     Necessidade de intervenção especializada.
   especializada. Monitoramento.         Monitoramento.
```

Fonte: Mousinho, 2016.[29]

Finlândia, Japão e Coreia do Sul são exemplos de países que investem significativamente na educação, reconhecendo a importância de detectar e intervir precocemente nas dificuldades de aprendizagem.[30]

Na Finlândia, há um forte foco na educação precoce e na intervenção personalizada. Os professores são altamente treinados para identificar sinais de dificuldades de aprendizagem e trabalham em estreita colaboração com especialistas para desenvolver planos de intervenção eficazes. Esse modelo tem demonstrado resultados impressionantes, com estudantes finlandeses consistentemente alcançando altos níveis de desempenho em avaliações internacionais.

---

[29] MOUSINHO, R.; NAVAS, A. L. Mudanças apontadas no DSM-5 em relação aos transtornos específicos de aprendizagem em leitura e escrita. **Debates em Psiquiatria**. Disponível em: https://revistardp.org.br/revista/article/view/133. Acesso em: 16 jul. 2024.

[30] ORGANIZAÇÃO PARA A COOPERAÇÃO E DESENVOLVIMENTO ECONÔMICO (OCDE). **Quesitos** – Educação. Better Life Index. 2024. Disponível em: https://www.oecdbetterlifeindex.org/. Acesso em: 11 jul. 2024.

No Japão, o investimento em educação inclui programas de apoio intensivo para alunos com dificuldades, e há uma cultura de altas expectativas e suporte contínuo que envolve pais, professores e a comunidade. Esses investimentos resultam em um sistema educacional que promove não apenas altos padrões acadêmicos, mas também um desenvolvimento equilibrado e integral dos alunos.

É importante entender que a alfabetização não ocorre somente no primeiro ano do Ensino Fundamental. Há necessidade de estimular vários processos cognitivos para que a criança se alfabetize nos primeiros anos. O Brasil tem pavimentado diversos caminhos neuroeducativos e desenvolvido programas de incentivo às práticas de alfabetização baseadas em evidências científicas, como o PNA e o Renabe. Iniciativas como a coleção "Conta para mim" incentivam práticas de leitura, enquanto cursos online como "Tempo de Aprender" e "ABC – Alfabetização Baseada em Evidências" proporcionam formação contínua.[31]

Ainda no Brasil, para todos os níveis de ensino, há diversas formações na área de Neuroeducação. Em 2024, foi lançado o "Programa Compromisso Nacional Criança Alfabetizada", com o objetivo de assegurar que 100% das crianças brasileiras estejam alfabetizadas ao final do 2º ano do Ensino Fundamental. Esse programa também foca na recomposição das aprendizagens para alunos do 3º, 4º e 5º anos afetados pela pandemia. As crianças serão avaliadas por meio de uma plataforma digital com avaliações de rastreamento, fornecendo aos professores subsídios para intervenções mais qualificadas.[32]

Em síntese, a história de João, contada no início deste capítulo, exemplifica a importância de um caminho neuroeducativo preventivo e colaborativo. Quando todos os membros da comunidade – família, escola, profissionais especializados e a comunidade em geral – trabalham juntos, é possível criar um ambiente de aprendizagem que apoia e nutre cada criança. À medida que continuarmos a explorar as bases neurocientíficas da aprendizagem, esperamos esclarecer que a prevenção e a detecção precoce são pilares fundamentais em um sistema educacional que contribua para um futuro mais próspero e produtivo.

---

[31] BRASIL, 2024.

[32] BRASIL, 2024.

Resumo Executivo

- A história do aluno João exemplifica como a simples rotulagem de "preguiça" pode ocultar problemas cognitivos subjacentes. A observação cuidadosa e a intervenção baseada em neurociência revelam que comportamentos aparentemente desmotivados podem ser sintomas de desafios cognitivos, como déficits nas funções executivas. A identificação precoce e a intervenção são fundamentais para minimizar os impactos negativos no longo prazo e promover o desenvolvimento pleno das habilidades cognitivas.

- A aplicação dos princípios neurocientíficos na educação vai além da mera transmissão de conhecimento. Entender como o cérebro aprende possibilita a criação de estratégias pedagógicas que respeitem as particularidades de cada aluno, promovendo uma aprendizagem mais eficaz e personalizada.

- A abordagem interdisciplinar e colaborativa entre ambientes como família, escola e comunidade é crucial para o desenvolvimento cognitivo e emocional dos alunos.

- Países que investem em programas de detecção precoce e intervenção baseada em evidências colhem resultados significativos. Exemplos de sucesso incluem práticas adotadas nos Estados Unidos, Irlanda, Finlândia, Japão e Coreia do Sul, em que a integração de neurociência e educação tem levado a melhorias substanciais no desempenho acadêmico. Investir na detecção precoce de dificuldades de aprendizagem e implementar intervenções baseadas em evidências são estratégias fundamentais para melhorar os resultados educacionais e promover a equidade.

Autorregulagem da aprendizagem

Complete as lacunas.

A rotulagem de alunos como "preguiçosos" pode mascarar desafios cognitivos subjacentes, como déficits nas _____.

O modelo bioecológico do desenvolvimento humano destaca a importância das interações entre a criança e seus diversos ambientes, incluindo a família, a escola e a _____.

A neurociência pode ser uma ferramenta poderosa para a _____, orientando práticas pedagógicas ao entender como o cérebro _____.

Intervenções baseadas em _____ são cruciais para identificar e tratar problemas de aprendizagem, diferenciando entre dificuldades temporárias e _____.

Países como os Estados Unidos, Finlândia e Japão colhem resultados significativos na educação investindo em programas de _____ precoce e _____ eficaz.

CAPÍTULO 2

UMA VIAGEM RÁPIDA PELO CÉREBRO

- Como você pode usar o conhecimento sobre neuroplasticidade para ajudar seus alunos a superarem dificuldades de aprendizagem?

- Como o ambiente de sala de aula pode influenciar o desenvolvimento do cérebro de seus alunos?

- De que maneira emoções e sono impactam diretamente o desempenho acadêmico das crianças?

- Como a integração das funções cerebrais pode melhorar a coordenação de tarefas complexas e adaptativas na sala de aula?

O cérebro humano é um órgão complexo,
com o fantástico poder de permitir que o homem
encontre razões para acreditar em qualquer coisa que ele queira acreditar.

VOLTAIRE

Alice no país da neurociência

Era uma tarde tranquila de outono quando Alice, a professora dedicada e apaixonada por ensinar, se viu perdida em pensamentos. Ela observava seus alunos na sala de aula, cada um imerso em suas próprias atividades e não podia deixar de se perguntar: "Como exatamente eles aprendem a ler? ". Essa pergunta a intrigava há anos, e a busca por essa resposta se tornou sua missão pessoal. Alice sempre foi fascinada pelo poder transformador da leitura. Ela se lembrava de quando era criança e sentiu, pela primeira vez, o encanto das palavras ganhando vida nas páginas de um livro. Agora, como professora, via o mesmo brilho nos olhos de seus alunos e queria entender o mistério por trás desse fenômeno, especialmente depois do que aprendeu com a história de João.

Uma noite, enquanto navegava pela internet em busca de novos métodos de ensino, Alice encontrou uma referência intrigante no livro *Os neurônios da leitura*, de Stanislas Dehaene.[1] O título, por si só, a capturou. "Os neurônios da leitura," murmurou, sentindo um arrepio de curiosidade. Decidida a descobrir mais, encomendou o livro imediatamente.

Quando o livro chegou, Alice mergulhou nas suas páginas com fervor. Logo nas primeiras linhas, foi transportada para um universo fascinante, no qual a neurociência desvendava os segredos de como o cérebro humano se adapta para aprender a ler. "A leitura transforma o cérebro", dizia Dehaene e essa frase ecoou profundamente em sua mente. Alice aprendeu que ler não é

---

[1] DEHAENE, S. **Neurônios da leitura**. Porto Alegre: Penso, 2011.

uma habilidade natural do cérebro humano, mas uma invenção cultural relativamente recente.

Essa revelação era ao mesmo tempo assombrosa e inspiradora. Alice imaginava como o cérebro de seus alunos se reorganizava e formava novas conexões a cada palavra que aprendiam a ler. Em seus estudos, a professora descobriu que a leitura envolve a ativação de várias áreas do cérebro simultaneamente. A área visual primária reconhece as letras, enquanto o giro fusiforme é responsável por identificar palavras inteiras. O lobo temporal processa os sons das letras, e o lobo frontal coordena a produção de fala e compreensão. "a leitura é um exemplo poderoso de plasticidade neural", percebeu Alice, admirada com a complexidade e a beleza desse processo.

> O CÉREBRO HUMANO, AO LONGO DE MILHARES DE ANOS, ADAPTOU REGIÕES CEREBRAIS ORIGINALMENTE DESTINADAS AO RECONHECIMENTO DE OBJETOS E FACES PARA DECODIFICAR SÍMBOLOS E LETRAS.
> Stanislas Dehaene

Cada noite, enquanto lia mais sobre as descobertas de Dehaene, Alice sentia-se cada vez mais conectada aos seus alunos. Ela imaginava os cérebros deles trabalhando incansavelmente, reconfigurando-se para desvendar os segredos das palavras escritas. Ela se perguntou como poderia aplicar esse conhecimento em sala de aula para tornar o processo de aprendizagem da leitura mais eficaz e envolvente.

Alice decidiu que precisava compartilhar essa descoberta com seus colegas professores. Organizou uma pequena reunião na escola para apresentar o que havia aprendido. "A leitura é uma jornada neural", começou ela, com os olhos brilhando de entusiasmo. "E nós, como professores, somos os astronautas que ajudam nossos alunos a viajar por esse universo da leitura do mundo."

Ela explicou como o cérebro precisa adaptar regiões inteiras para processar a leitura, transformando circuitos destinados ao reconhecimento de objetos e faces em decodificadores de símbolos e palavras (Figura 2.1). "Integrar diferentes estímulos sensoriais pode facilitar esse processo", disse Alice, sugerindo o uso de métodos multissensoriais em suas aulas de leitura.

Figura 2.1 Áreas do cérebro ativadas durante o processo da leitura segundo Dehaene, 2011.

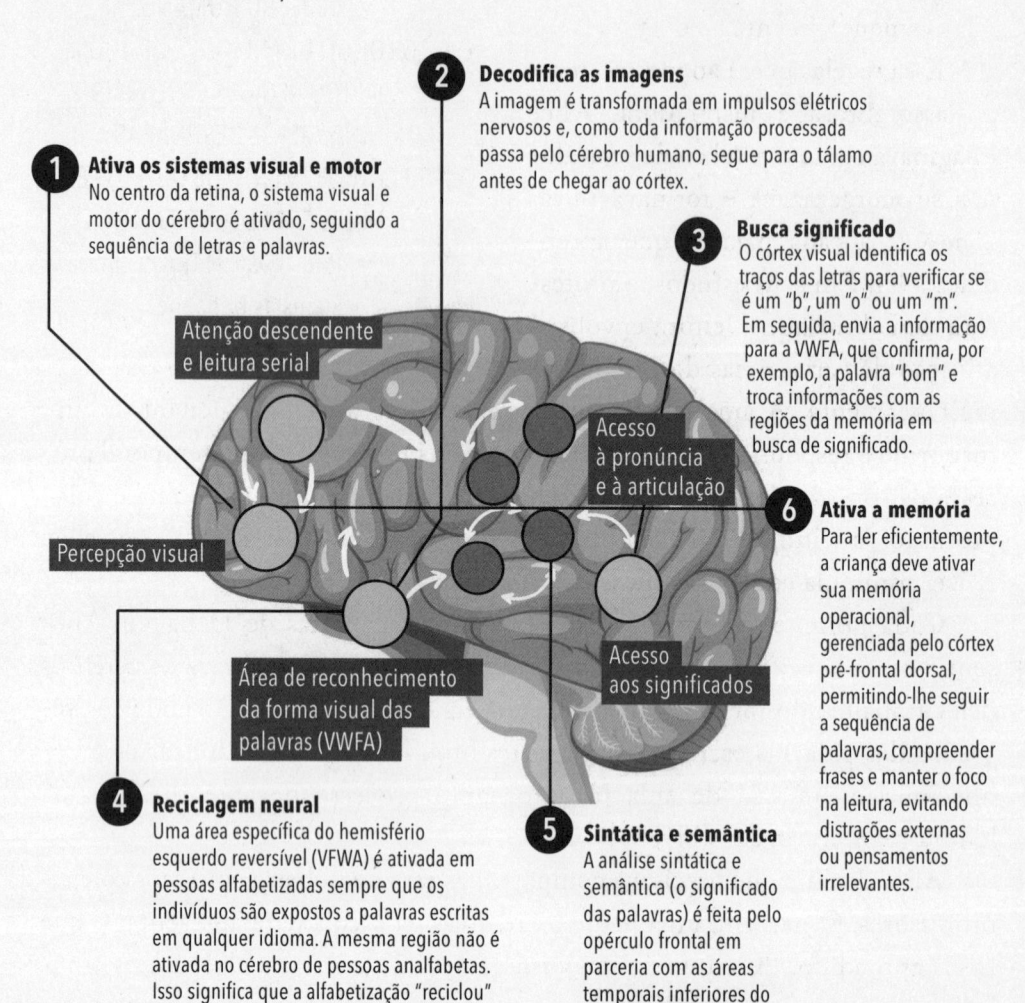

1 Ativa os sistemas visual e motor
No centro da retina, o sistema visual e motor do cérebro é ativado, seguindo a sequência de letras e palavras.

2 Decodifica as imagens
A imagem é transformada em impulsos elétricos nervosos e, como toda informação processada passa pelo cérebro humano, segue para o tálamo antes de chegar ao córtex.

3 Busca significado
O córtex visual identifica os traços das letras para verificar se é um "b", um "o" ou um "m". Em seguida, envia a informação para a VWFA, que confirma, por exemplo, a palavra "bom" e troca informações com as regiões da memória em busca de significado.

Atenção descendente e leitura serial

Percepção visual

Acesso à pronúncia e à articulação

Área de reconhecimento da forma visual das palavras (VWFA)

Acesso aos significados

4 Reciclagem neural
Uma área específica do hemisfério esquerdo reversível (VFWA) é ativada em pessoas alfabetizadas sempre que os indivíduos são expostos a palavras escritas em qualquer idioma. A mesma região não é ativada no cérebro de pessoas analfabetas. Isso significa que a alfabetização "reciclou" essa área para se encarregar da leitura.

5 Sintática e semântica
A análise sintática e semântica (o significado das palavras) é feita pelo opérculo frontal em parceria com as áreas temporais inferiores do cérebro. No opérculo frontal estão "guardadas" as regras do idioma. Nas áreas temporais estão os "dicionários" que indicam o significado das palavras e das frases.

6 Ativa a memória
Para ler eficientemente, a criança deve ativar sua memória operacional, gerenciada pelo córtex pré-frontal dorsal, permitindo-lhe seguir a sequência de palavras, compreender frases e manter o foco na leitura, evitando distrações externas ou pensamentos irrelevantes.

Os colegas de Alice ficaram fascinados com suas descobertas. "você já viu um cérebro aprender a ler?" perguntou um dos professores, meio incrédulo. Alice sorriu. "Sim, todos os dias," respondeu ela. "Cada vez que um de nossos alunos decifra uma nova palavra, estamos assistindo a um milagre neural em ação". Com essa nova perspectiva, Alice voltou para sua sala de aula com uma energia renovada. Ela começou a implementar técnicas que estimulavam várias áreas sensoriais simultaneamente. Usou jogos de palavras, leituras em voz alta, e até mesmo atividades que envolviam movimento e música para ajudar seus alunos a internalizarem as letras e os sons.

Alice se tornou uma guia ainda mais eficaz na jornada de seus alunos pelo mundo da leitura. Cada progresso, cada palavra lida corretamente era uma celebração não apenas para ela, mas para toda a turma. "A neurociência não é apenas teoria", pensou Alice. "É a chave para desbloquear o potencial de cada criança".

E assim, Alice ficou tão fascinada que acabou ingressando em um curso de pós-graduação em Neuropsicopedagogia, buscando entender melhor os processos cognitivos e como eles impactam a aprendizagem. Esse capítulo tem como objetivo compartilhar o resumo das anotações que a professora Alice fez no país da neuropsicopedagogia, mais especificamente da neurociência básica e sua interface com a aprendizagem. Nosso objetivo está muito distante de explicar por completo esse vasto campo de conhecimento. Indicamos referências que ajudarão a tornar essa viagem mais imersiva e longa, com direito a, obviamente, um aprofundamento dos meandros e mistérios do cérebro humano.

Mas fica aqui anotado que nosso objetivo é oferecer uma visão geral e rápida sobre as bases neurais da aprendizagem, com objetivo de subsidiar o educador com informações didáticas acerca dos processos neurobiológicos de ensino e aprendizagem pelos quais ele é responsável.

PARA SABER MAIS SOBRE O CÉREBRO E A LEITURA

CAPELLINI, S. A.; GERMANO, G. D.; OLIVEIRA, S. T. O. **Fonoaudiologia educacional**: alfabetização em foco. São Paulo: CFF, 2020.

LENT, R. **O cérebro aprendiz**: neuroplasticidade e educação. Rio de Janeiro: Atheneu, 2019.

MALUF, M. R.; CARDOSO-MARTINS, C. **Alfabetização no século XXI**: como se aprende a ler e escrever. Porto Alegre: Penso, 2013.

RANGEL, A. **O processo de alfabetização do zero aos 120 anos**: ênfase do zero aos sete anos. Porto Alegre: Pif-Ran Jogos e Livros, 2018.

RESNICK, M. **Jardim da infância para toda a vida**: por uma aprendizagem criativa, mão na massa e relevante para todos. Porto Alegre: Penso, 2023.

RUIZ MARTIN, H. **Como aprendemos**: uma abordagem científica da aprendizagem e do ensino. Porto Alegre: Penso, 2024.

SARGIANI, R. **Alfabetização baseada em evidências**: da ciência à sala de aula. Porto Alegre: Penso, 2022.

SHAYWITZ, S. **Entendendo a dislexia**: um novo e completo programa para todos os níveis e problemas de leitura. 2. ed. Porto Alegre: Penso, 2023.

SNOWLING, M. J.; HULME, C. **A ciência da leitura**. Porto Alegre: Penso, 2013.

Alice estava animada para seu primeiro dia no curso. A sala de aula estava cheia de professores e educadores como ela, todos ansiosos para aprender sobre as bases neurobiológicas da aprendizagem. Quando o professor entrou na sala, carregava uma capa de filme familiar, que causou risos e curiosidade. Era a capa do filme "Querida, encolhi as crianças", mas com um título modificado: "Querida, encolhi a aprendizagem!"

O professor sorriu ao ver as reações da turma e começou sua explicação: "bem-vindos à disciplina de Bases Neurobiológicas da Aprendizagem. Vocês podem estar se perguntando por que usei essa capa de filme para iniciar nossa jornada. Hoje, vamos falar sobre a abordagem microscópica da ciência para compreender os fenômenos da aprendizagem."

Astuto esse professor, usou um recurso conhecido pelos alunos, nostálgico e chamou a atenção para a sua intencionalidade pedagógica. Ele fez uma pausa para que os alunos assimilassem suas palavras e continuou: "Quando dizemos 'Querida, encolhi a aprendizagem', estamos falando sobre olhar a aprendizagem em seu nível mais fundamental e biológico. Isso significa que vamos explorar como os processos de aprendizagem ocorrem nas menores unidades do sistema nervoso, os neurônios."

É importante entender que olhar a aprendizagem em seu nível microscópico não é reducionismo. É um caminho para entender os mecanismos básicos que permitem ao cérebro humano realizar tarefas tão complexas como ler, escrever e resolver problemas matemáticos. Alice estava ali, com outros professores, aprendendo os motivos pelos quais essa abordagem era tão poderosa. Em seguida, o professor detalhou os motivos pelos quais uma neurociência aplicada à educação é essencial.

Compreensão Profunda

Ao investigar a aprendizagem no nível microscópico, podemos entender os mecanismos fundamentais que tornam possíveis as habilidades cognitivas. Por exemplo, ao estudar os neurônios, aprendemos como as informações são transmitidas e processadas no cérebro. Compreender as bases neurobiológicas da aprendizagem, e o funcionamento dos neurônios, por exemplo, nos ajuda a entender melhor transtornos como o Transtorno de Déficit de Atenção e Hiperatividade (TDAH), o Transtorno do Espectro Autista (TEA) e os Transtornos Específicos de Aprendizagem, conhecidos anteriormente por dislexia e discalculia, dentre outros nomes. Sabendo como o cérebro dessas crianças funciona, podemos adaptar nossas abordagens pedagógicas para melhor atender às suas necessidades.

Identificação de Problemas

Essa abordagem nos permite identificar problemas ainda incipientes. Ao entender como os neurônios e sinapses funcionam, podemos compreender a natureza das falhas nos processos de aprendizagem, compreender, por exemplo, as diferenças entre **dificuldades de aprendizagem e transtornos neurológicos**. Isso é vital para que possamos oferecer o suporte adequado e evitar rótulos errôneos como ocorreu com o aluno João.

As dificuldades de aprendizagem podem implicar a aprendizagem da leitura, escrita ou matemática devido a influência de diversos fatores, como já discutimos no capítulo anterior, incluindo métodos de ensino inadequados, falta de estímulo ou problemas emocionais. Por isso, é essencial criar um ambiente de aprendizagem que seja adaptado às necessidades individuais de cada aluno.

No entanto, os transtornos neurológicos são condições que afetam o desenvolvimento e o funcionamento do sistema nervoso, por isso são caracterizados como transtornos do neurodesenvolvimento. Exemplos incluem o TDAH e o TEA. Esses transtornos são caracterizados por padrões persistentes de comportamento que afetam várias áreas da vida, incluindo a aprendizagem. Uma criança com TDAH, por exemplo, pode ter dificuldades significativas em manter a atenção, controlar impulsos ou regular a atividade motora. Já uma criança com TEA pode apresentar desafios na comunicação social e comportamentos repetitivos. A compreensão das bases neurobiológicas desses transtornos permite aos educadores diferenciarem entre uma dificuldade de aprendizagem, que pode ser remediada com intervenções específicas e ter uma melhora significativa em curto prazo, de um transtorno neurológico, que requer abordagens mais especializadas e, muitas vezes, multidisciplinares, e o investimento na intervenção demandará mais tempo.

Tabela 2.1 Diferenças entre dificuldades de aprendizagem e transtornos neurológicos.

Característica	Dificuldades de Aprendizagem	Transtornos Neurológicos
Definição	Problemas pontuais na aprendizagem.	Déficits no desenvolvimento ou diferenças nos processos cerebrais, causando prejuízos no funcionamento pessoal, social, acadêmico ou profissional.
Causa	Podem ser influenciadas por métodos de ensino inadequados, falta de estímulo ou problemas emocionais.	Origem neurobiológica, envolvendo diferenças no desenvolvimento do cérebro.
Exemplos	Dificuldade para realizar tarefas escolares: leitura, escrita, matemática, organização dos materiais.	Transtorno de Déficit de Atenção e Hiperatividade (TDAH), Transtorno do Espectro Autista (TEA). Transtorno Específico de Aprendizagem. Transtorno da Comunicação. Transtorno motor. Transtorno de Deficiência Intelectual.

Característica	Dificuldades de Aprendizagem	Transtornos Neurológicos
Impacto na inteligência geral	A inteligência geral normalmente está dentro da média.	A inteligência pode variar; alguns indivíduos têm inteligência média ou acima da média, enquanto outros podem ter déficits intelectuais.
Áreas afetadas	Especificamente habilidades acadêmicas.	Afeta várias áreas da vida, incluindo habilidades acadêmicas, sociais e comportamentais.
Abordagem de intervenção	Intervenções específicas para desenvolver habilidades deficitárias, como programas de leitura e matemática personalizados ou até mesmo de estimulação de funções executivas.	Abordagens multidisciplinares, que podem incluir terapias comportamentais, educacionais e, em alguns casos, medicamentos.
Diagnóstico	Normalmente identificado por meio de avaliações educacionais e de desempenho.	Diagnosticado por profissionais de saúde mental e médicos, com base em critérios clínicos estabelecidos.
Prognóstico	Com intervenções adequadas, muitos alunos podem superar ou compensar suas dificuldades.	Varia dependendo do transtorno; com suporte adequado, muitos indivíduos podem levar uma vida produtiva e satisfatória.
Exemplos de intervenção	Programas de leitura especializados, tutoria em matemática e estratégias de estudo adaptadas. Programas de Funções Executivas.	Terapia comportamental, intervenção precoce, uso de medicamentos quando necessário. Intervenção com profissionais da aprendizagem (neuropsicopedagogo, psicopedagogo, entre outros).
Compreensão necessária dos professores	Conhecimento sobre estratégias específicas de ensino e adaptações curriculares.	Conhecimento sobre os sintomas, tratamentos e necessidades específicas de cada transtorno, incluindo possíveis interações medicamentosas.

Fonte: elaborada pelos autores.

Desenvolvimento de Intervenções

Ao conhecer as áreas cerebrais envolvidas na leitura, podemos desenvolver atividades que estimulem essas regiões de forma mais eficaz. Para alunos com TDAH, podemos criar ambientes de aprendizagem que minimizem distrações e utilizem técnicas para melhorar a concentração. Para alunos com TEA, é importante a organização de um Plano Educacional Individualizado (PEI) que leve em consideração as orientações de terapeutas que já atendem a criança, aliado às informações familiares, pois cada criança tem um perfil diferente, que pode ocasionar comportamentos disruptivos diante de determinadas demandas e fragilidades na interação com os demais colegas.[2]

> A NEUROCIÊNCIA NÃO SIMPLIFICA A COMPLEXIDADE DA APRENDIZAGEM. ELA REVELA OS DETALHES QUE A TORNAM POSSÍVEL.

Imagine uma sala de aula em que cada aluno recebe o apoio específico de que precisa, na qual as estratégias de ensino são adaptadas com base em uma compreensão profunda dos processos cerebrais, e os professores são preparados para lidar com uma variedade de desafios de aprendizagem e problemas de saúde mental. Na verdade, essa visão de sala de aula foi o ponto de partida da viagem de Alice no universo da neurociência. Ela estava encantada e convencida de que compreender os fundamentos biológicos da aprendizagem não seria apenas uma questão de conhecimento técnico, mas uma maneira de transformar vidas. Porém, de maneira alguma subestimou o conhecimento técnico, pelo contrário, Alice o viu como a ponte, o meio, o caminho para que pudesse realizar uma transformação segura e eficaz.

A seguir, passamos a conhecer de forma mais técnica e detalhada a anatomia e a fisiologia do sistema nervoso.

---

[2] BERNIER, R. A.; DAWSON, G.; NIGG, J. T. **O que a ciência nos diz sobre o Transtorno do Espectro Autista:** fazendo as escolhas certas para seu filho. Porto Alegre: Artmed, 2021.

Neurônios são células fofoqueiras

Depois de listar os motivos pelos quais a neurociência aplicada à educação é essencial, o professor disse: "nossa aventura começa no sistema nervoso – uma rede de cabos que transportam sinais de forma rápida e eficiente em todo o corpo". Se você pensar bem, o professor da Alice foi muito perspicaz nessa comparação. Nosso corpo é um verdadeiro labirinto de sistemas que transportam coisas por diferentes caminhos. O sistema cardiovascular é um conjunto de tubos formado por veias e artérias que transportam sangue; o sistema respiratório é formado por centenas de milhares de tubos que conduzem gases; o digestório conduz o alimento que consumimos para obtermos energia. Enquanto isso, o sistema nervoso conduz algo fundamental para o nosso comportamento: sinais.

Pense em uma cidade. Há estradas e avenidas que permitem o transporte de carros e pessoas para diferentes regiões. Há uma rede de canos que distribuem água para as casas e, claro, há cabos que distribuem energia para que sua geladeira, TV e seu computador funcionem. Sem falar na rede de cabos espalhados pela Terra, muitos deles embaixo dos oceanos, que distribuem o sinal de internet. Aqui chegamos em um ponto curioso. Nosso sistema nervoso distribui sinais para outras partes do corpo e, para isso, conta com células especializadas chamadas **neurônios**. Imagine-os como pequenas baterias, que podem se carregar e descarregar repetidamente, transmitindo sinais elétricos e químicos para outras células em uma rede de caminhos interconectados.

Diferente de um cabo de fibra ótica, o neurônio tem três características que o torna único. Primeiro, ele não tem um formato contínuo, como um cabo ou fio que conhecemos. O neurônio possui ramificações que ampliam a sua comunicação com outros neurônios. São tantas ramificações que os cientistas as chamam de dendritos, que captam sinais de outros neurônios e transmitem para o chamado corpo celular. Toda célula tem um núcleo e uma porção de outras estruturas, que não vem ao caso citar neste momento, mas o que você precisa entender é que o corpo celular é o centro metabólico da célula neuronal. Neurônios também têm um extenso cabo, transmitindo sinais em alta velocidade para longas distâncias. No seu cérebro, há aproximadamente 86 bilhões de neurônios.

Depois de mostrar uma imagem da anatomia básica de um neurônio (Figura 2.2), o professor de Alice sabiamente disse: "esses neurônios se comunicam entre si, formando a maior rede de fofoca do planeta".

Figura 2.2 Anatomia de um neurônio.

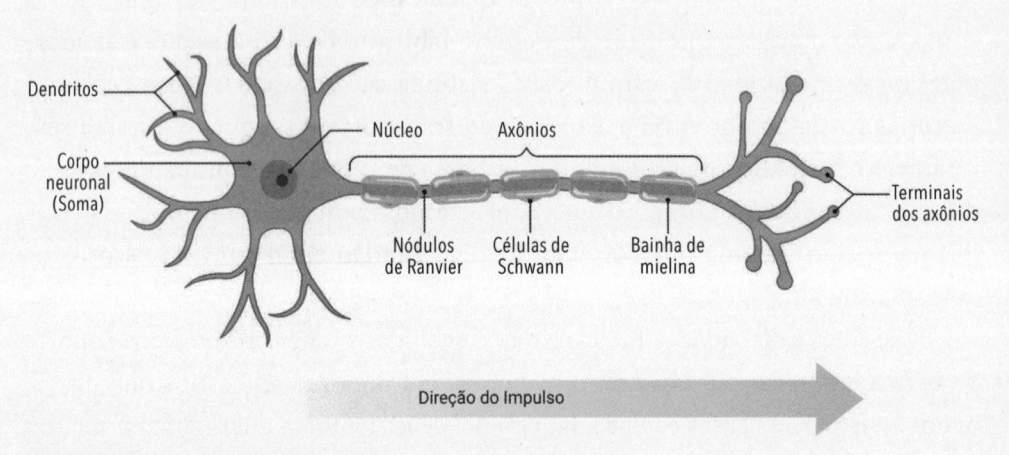

Dendritos
Corpo neuronal (Soma)
Núcleo
Axônios
Nódulos de Ranvier
Células de Schwann
Bainha de mielina
Terminais dos axônios
Direção do Impulso

Fonte: Shutterstock (adaptada pelos autores).

Claro, a turma riu, mas alguns não entenderam a comparação. O professor continuou: "Sim, neurônios são células fofoqueiras", enfatizou e assim continuou sua explicação sobre o funcionamento dos neurônios.

"Um neurônio adora passar a informação para o outro, desde que algumas condições sejam satisfatórias. Mas antes de falar disso, é importante que você entenda que uma das características mais impressionantes do sistema nervoso é sua flexibilidade. Diferente de sistemas mecânicos simples, que sempre respondem do mesmo modo a um estímulo, o sistema nervoso pode adaptar suas respostas com base em experiências passadas e contextos presentes. Isso é a base da inteligência – a capacidade de modificar o comportamento de acordo com novas informações e objetivos futuros", explicou.

Na sala de aula, para os alunos, isso se traduz na habilidade de aprender com seus erros, adaptar-se a novas situações e aplicar conhecimentos adquiridos em diferentes contextos a partir do crescimento e da lapidação dessa intrincada e complexa rede de neurônios "fofoqueiros".

Calma, eu sei que você está curioso. Mas porque o neurônio é uma célula fofoqueira? Neurônios são células excitáveis e se comunicam através de uma vasta rede de **conexões sinápticas**, nas quais cada sinapse é como uma porta para outro neurônio (Figura 2.3). Quando um neurônio recebe um sinal suficientemente forte através de seus dendritos, ele gera uma onda de eletricidade que viaja ao longo do axônio. Essa onda nós chamamos de potencial de ação. Pense nesse potencial de ação como uma mensagem urgente, que precisa ser entregue. Ao chegar ao final do axônio, essa mensagem elétrica é convertida em uma mensagem química por meio da liberação de neurotransmissores nas sinapses. Esses neurotransmissores atravessam a sinapse e se ligam a receptores no próximo neurônio, transmitindo a mensagem.

Figura 2.3 Esquema simplificado de uma sinapse entre dois neurônios. As bolinhas representam os neurotransmissores.

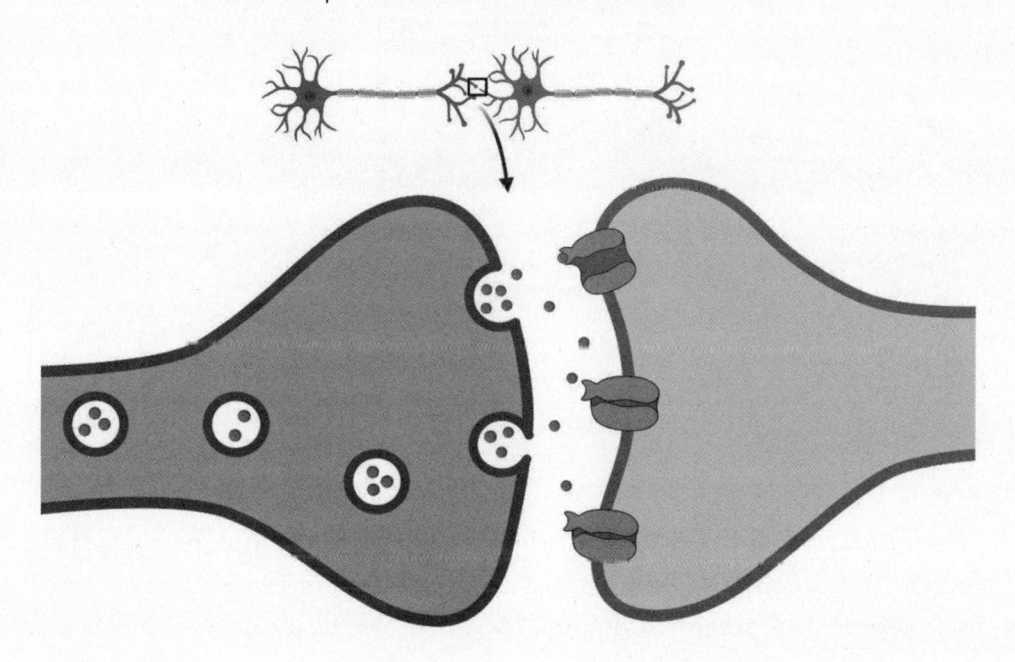

Fonte: Shutterstock.

De uma maneira bem simples, esse processo é o que permite a comunicação rápida e eficiente entre neurônios. É como se cada neurônio fosse um repórter ávido por compartilhar a última notícia com seus colegas (Figura 2.4). E a flexibilidade do sistema nervoso permite que essas "notícias" sejam ajustadas e reinterpretadas com base em novas informações e experiências. Outro fato interessante é que quanto mais detalhada a fofoca, mais condições temos de entendê-la e processar todo o contexto, e esse é o diferencial de um conteúdo escolar ter ou não a chance de ser mais evocado futuramente.

Figura 2.4 Comunicação neuronal.

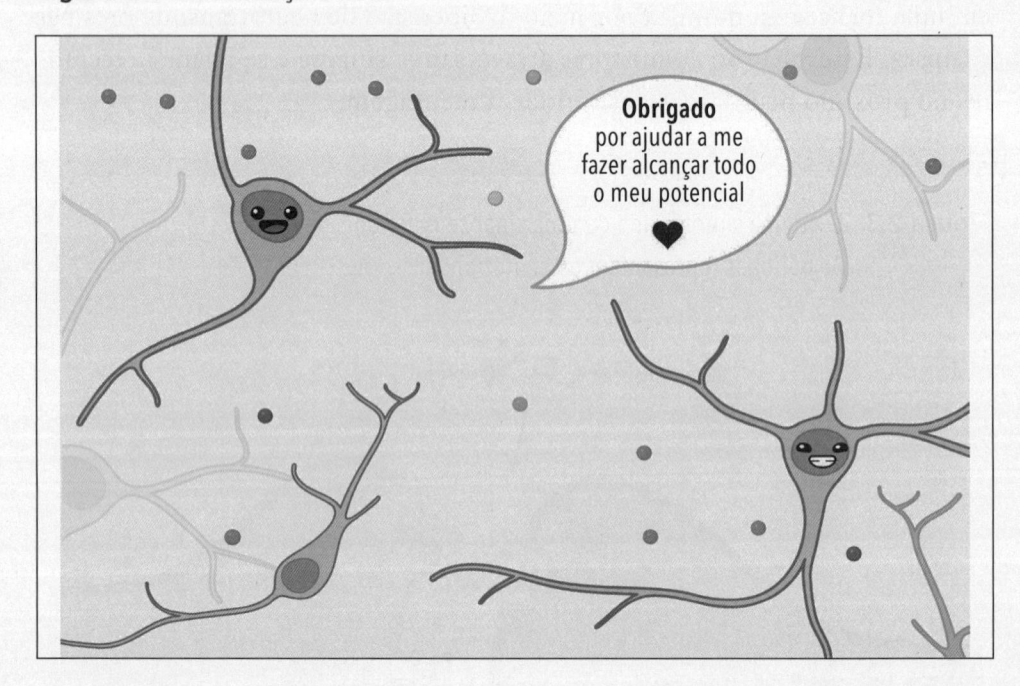

Fonte: Biorender.com (traduzida pelos autores).

Uma das razões pelas quais os neurônios são tão fascinantes é a capacidade de mudar suas conexões com base na experiência – um fenômeno conhecido como **plasticidade sináptica** (Figura 2.5). Isso é essencial para a aprendizagem e a memória. Quando os alunos aprendem algo novo e exercitam determinada aprendizagem, as conexões entre os neurônios se fortalecem, formando caminhos mais eficientes para a transmissão de informações.

Figura 2.5 Formação de redes de neurônios no cérebro.

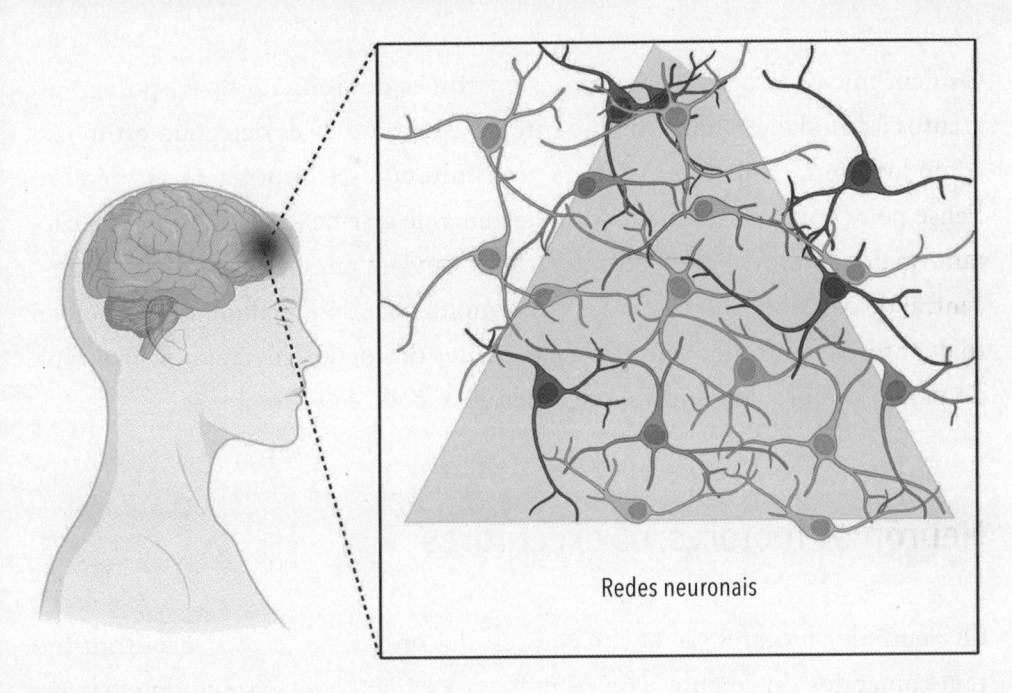

Redes neuronais

Fonte: Biorender.com (traduzida pelos autores).

Por exemplo, quando um aluno está praticando tabuada, ora em um jogo, ora recitando, ora na execução de cálculos, ele está, repetidamente, ativando certas redes neurais. Com o tempo, essas conexões se tornam mais fortes e mais rápidas, facilitando a lembrança rápida e precisa das multiplicações. É como caminhar por um campo de grama alta – quanto mais você caminha no mesmo caminho, mais visível e fácil de seguir ele se torna.

Como professor, você desempenha um papel crucial em moldar o desenvolvimento neural dos alunos. Ao criar um ambiente de aprendizagem que estimule a curiosidade, a reflexão, a prática e as emoções positivas, você ajuda a desenvolver cérebros mais flexíveis, inteligentes e emocionalmente saudáveis. Lembre-se: cada interação, cada lição e cada palavra de encorajamento contribui para o complexo carrossel de atividade que é o cérebro em desenvolvimento.

Neurônios são células especializadas. Basicamente, eles são organizados em três principais tipos, que veremos a seguir.

Neurônios sensoriais: os detectores

Os neurônios sensoriais são como os guardiões de fronteira do corpo, sempre atentos às mudanças no ambiente interno e externo. Eles detectam estímulos, como luz, som, temperatura e dor, e transmitem essas informações ao cérebro. Pense neles como os sensores de um sistema de alarme de segurança, que captam qualquer movimento ou alteração e enviam um sinal de alerta para a central de comando – o cérebro. Por exemplo, quando um aluno toca um objeto quente, os neurônios sensoriais nas pontas dos dedos enviam um sinal rápido para o cérebro, avisando sobre o perigo, e o aluno retira a mão.

Neurônios motores: os executores

Os neurônios motores são os "executores" das ordens do cérebro. Eles transmitem comandos do cérebro para os músculos e glândulas, resultando em ações ou movimentos. Imagine que o cérebro é o maestro de uma orquestra e os neurônios motores são os músicos. Quando o maestro levanta a batuta, os músicos começam a tocar, criando uma sinfonia de movimento. Da mesma maneira, quando o cérebro decide que é hora de levantar a mão para responder a uma pergunta, os neurônios motores enviam sinais aos músculos do braço, permitindo que o aluno execute o movimento. Eles são fundamentais para todas as ações físicas que realizamos, desde escrever no quadro até correr no recreio.

Neurônios associativos: os pensadores

Os neurônios associativos são os "pensadores" do sistema nervoso. Eles conectam neurônios sensoriais e motores, e são responsáveis pelo processamento complexo de informações, integrando experiências passadas e planejando ações futuras. Pense neles como os escritores e diretores do grande espetáculo da mente, criando o roteiro e dirigindo a trama, ou ainda em agentes que organizam o trânsito em grandes avenidas ou rodovias. Eles fazem as conexões necessárias para o aprendizado, resolvem problemas, tomam decisões e criam novos caminhos e ideias. Quando um aluno está resolvendo um problema de matemática, são os neurônios associativos que entram em ação, utilizando conhecimentos prévios e raciocínio lógico para encontrar a solução.

Os neurônios são as unidades básicas do tecido nervoso que formam a infraestrutura do cérebro. Mas, no cérebro, não existem apenas neurônios. Neurônios são células exigentes e precisam de suporte. E para isso, contam com as células da glia. Essas células, conhecidas como astrócitos, oligodendrócitos, ependimárias, micróglias, entre outras, desempenham várias funções, incluindo a manutenção do ambiente extracelular, fornecimento de nutrientes e remoção de resíduos.

Imagine que você está em uma cidade. Os neurônios são como os cidadãos, cada um com uma função específica e interagindo entre si. As células da glia são como os serviços de infraestrutura da cidade, fornecendo manutenção, energia e coleta de lixo para garantir que tudo funcione perfeitamente.

O cérebro também é essencial na manutenção da homeostase, que é o estado de equilíbrio interno do corpo. Imagine um carro fazendo ajustes constantes para manter sua rota estável e evitar desastres. O cérebro faz a mesma coisa com o corpo, monitorando e regulando funções como temperatura corporal, níveis de oxigênio, pH sanguíneo e níveis de glicose, garantindo que o corpo funcione de maneira otimizada. Para ilustrar, pense no corpo como um equilibrista, fazendo pequenos ajustes constantemente para manter-se estável sobre uma corda bamba. Esse ajuste constante é o que permite que o corpo funcione de modo harmonioso, mesmo diante de mudanças no ambiente interno e externo. A homeostase é essencial para a sobrevivência e o bem-estar, e o cérebro desempenha um papel central nesse processo, enviando sinais que ajustam a função de vários sistemas do corpo conforme necessário.

Os neurônios se organizam em áreas específicas, cada uma com funções distintas. Essa organização é orientada especialmente por um processo complexo, que envolve genes e o neurodesenvolvimento. Imagine que os genes são como os arquitetos e engenheiros de uma construção grandiosa. Eles fornecem os planos e instruções para a construção do cérebro. Desde o momento da concepção, os genes começam a orientar o desenvolvimento das células nervosas, determinando como elas se dividem, migram e se especializam. Esse processo é fundamental para garantir que cada área do cérebro tenha a quantidade e o tipo certo de neurônios.

Durante o desenvolvimento embrionário, os genes ativam uma cascata de eventos moleculares, que guiam as células progenitoras (as "células-tronco" do sistema nervoso) a se diferenciarem em neurônios ou células gliais. Pense nisso como a escolha dos materiais de construção e a designação dos trabalhadores especializados para diferentes partes do edifício. Alguns genes específicos regulam a formação dos dendritos e axônios dos neurônios, permitindo que eles se conectem corretamente com outros neurônios. Isso é essencial para a formação de redes neurais "fofoqueiras" funcionais já discutidas.

Neurodesenvolvimento é o processo pelo qual o sistema nervoso se forma e se organiza desde o início da vida até a idade adulta. Esse processo pode ser comparado a uma construção que não tem fim, como ocorre com a Igreja da Sagrada Família, de Barcelona, sempre adicionando novas conexões e refinando as antigas.

Vamos ver como isso acontece em etapas:

1. **Neurogênese:** esta é a fase inicial em que novos neurônios são gerados a partir de células progenitoras. Imagine que essa etapa é como a produção de tijolos em uma fábrica. É importante que a fábrica produza tijolos de alta qualidade e na quantidade certa para garantir a integridade da construção.

2. **Migração neural:** após a neurogênese, os neurônios recém-formados precisam migrar para seus locais designados no cérebro. Pense nisso como os tijolos sendo transportados para diferentes áreas da construção em que serão usados. Essa etapa é crucial para garantir que cada neurônio esteja no lugar certo para cumprir sua função específica.

(continua)

3. **Diferenciação:** uma vez no local correto, os neurônios começam a se diferenciar, assumindo características específicas que lhes permitem realizar suas funções. É como se os tijolos começassem a ser moldados em formas específicas – alguns se tornam paredes, outros pilares ou pisos.

4. **Sinaptogênese:** esta etapa envolve a formação de sinapses, que são as conexões entre os neurônios. Imagine que esta é a fase na qual os fios elétricos são instalados na construção, conectando diferentes partes do edifício e permitindo a comunicação entre elas. As sinapses são essenciais para a transmissão de sinais elétricos e químicos entre os neurônios, permitindo que o cérebro funcione como uma rede integrada.

5. **Poda sináptica:** durante o desenvolvimento, o cérebro produz um excesso de conexões sinápticas. A poda sináptica é o processo pelo qual as conexões redundantes ou pouco utilizadas são eliminadas, semelhante a remover fios elétricos desnecessários para evitar curtos-circuitos. Esse processo é importante para a eficiência e a especialização das redes neurais. Retomaremos esse tópico diversas vezes ao longo da coleção, mas precisamos seguir, afinal, estamos em uma viagem rápida pelo cérebro.

A aprendizagem e a experiência desempenham papeis fundamentais na organização e reestruturação contínua do cérebro. Cada experiência, cada nova habilidade aprendida, contribui para a remodelação das conexões sinápticas, tornando-as mais fortes ou mais fracas conforme necessário. Imagine que o cérebro é uma construção viva, na qual os alunos são os operários que estão constantemente melhorando e adaptando a estrutura com base nas instruções dos arquitetos (genes) e nas necessidades emergentes do ambiente.

Por exemplo, quando um aluno pratica um novo conceito matemático repetidamente, as conexões neurais associadas a esse conceito se tornam mais fortes e mais eficientes. Esse processo é conhecido como plasticidade sináptica e é a base da aprendizagem e da memória. A **prática repetida e o reforço positivo** ajudam a consolidar essas conexões, tornando o caminho desse conhecimento mais acessível e duradouro.

Os lobos cerebrais: cidades com bairros especializados

Neste momento, é importante que você compreenda que assim como em uma cidade bem planejada, na qual cada bairro tem sua função específica – áreas residenciais, comerciais, parques e centros de entretenimento – o cérebro humano também é dividido em diferentes regiões, cada uma especializada em funções particulares.

No topo, encontramos o córtex cerebral, a camada externa do cérebro, responsável por funções complexas como pensamento, percepção, memória e tomada de decisões. O córtex cerebral é dividido em lobos, cada um desempenhando um papel (Figura 2.6).

- **Lobo frontal**: pense nele como a sala de controle do cérebro. É responsável pelo planejamento, tomada de decisões, resolução de problemas e controle dos movimentos voluntários. Imagine um aluno planejando um projeto de ciências – é o lobo frontal, que está em ação, organizando os passos e monitorando o progresso. No Volume 2 desta coleção, sobre funções executivas, falaremos bastante dessa região.

- **Lobo parietal**: este lobo processa informações sensoriais como toque, temperatura e dor. Também ajuda a entender a posição do corpo no espaço. Quando uma criança está jogando bola e precisa coordenar seus movimentos para chutar a bola com precisão, o lobo parietal está trabalhando arduamente. No Volume 4 desta coleção, sobre habilidades matemáticas, falaremos da importância dessa região para o bom desempenho na matemática.

- **Lobo temporal**: é o centro de processamento auditivo e da memória. Ele ajuda a reconhecer e interpretar sons, além de armazenar memórias de longo prazo. Quando um aluno está ouvindo atentamente uma história contada pelo professor, o lobo temporal está ativo e processando o significado das palavras para que, então, possa compreender todo o contexto.

- **Lobo occipital**: é responsável pelo processamento visual. Tudo o que vemos é interpretado por essa região. Pense em uma criança desenhando uma figura detalhada – o lobo occipital está decodificando as informações visuais necessárias para essa atividade.

Figura 2.6 Lobos cerebrais e suas principais funções.

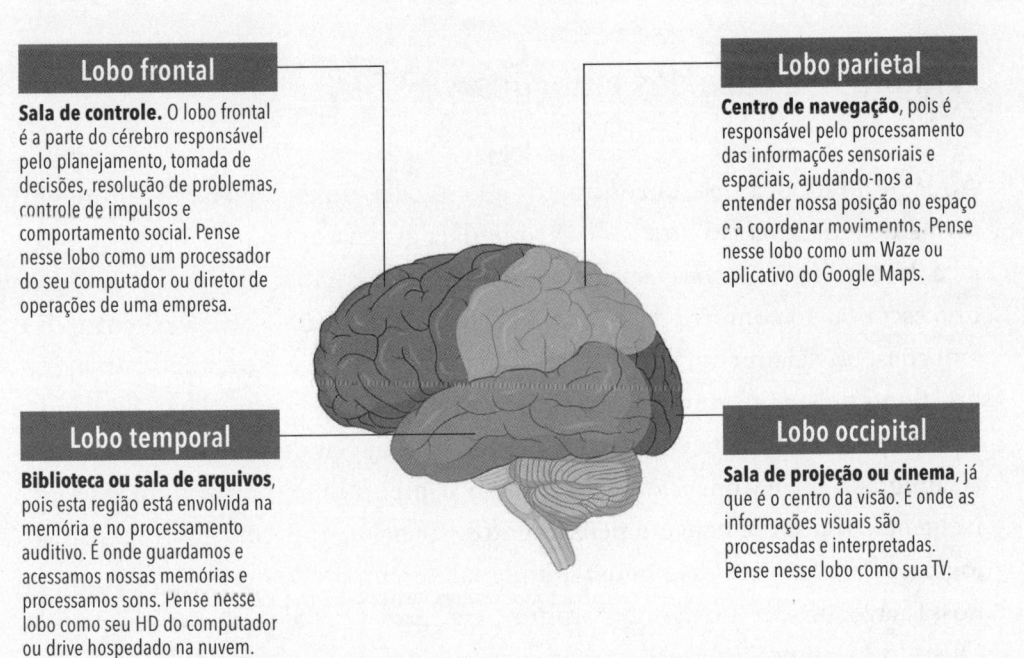

Lobo frontal
Sala de controle. O lobo frontal é a parte do cérebro responsável pelo planejamento, tomada de decisões, resolução de problemas, controle de impulsos e comportamento social. Pense nesse lobo como um processador do seu computador ou diretor de operações de uma empresa.

Lobo parietal
Centro de navegação, pois é responsável pelo processamento das informações sensoriais e espaciais, ajudando-nos a entender nossa posição no espaço e a coordenar movimentos. Pense nesse lobo como um Waze ou aplicativo do Google Maps.

Lobo temporal
Biblioteca ou sala de arquivos, pois esta região está envolvida na memória e no processamento auditivo. É onde guardamos e acessamos nossas memórias e processamos sons. Pense nesse lobo como seu HD do computador ou drive hospedado na nuvem.

Lobo occipital
Sala de projeção ou cinema, já que é o centro da visão. É onde as informações visuais são processadas e interpretadas. Pense nesse lobo como sua TV.

Hipotálamo: o guardião da memória

Descendo mais fundo no cérebro, encontramos o hipocampo, uma estrutura em forma de cavalo-marinho. O hipocampo é fundamental na formação e na recuperação de memórias. Por meio da repetição e da prática, as informações são transferidas da memória de curto prazo para a de longo prazo. Criar um ambiente de sala de aula que valorize a repetição, o reforço positivo e a conexão emocional com o material de aprendizagem pode melhorar significativamente a retenção de informações pelos alunos. Pense no hipocampo como o computador de bordo da nossa nave viajante pelo espaço, registrando cada descoberta e caminho percorrido, permitindo que possamos voltar a esses conhecimentos sempre que necessário. Para não deixar dúvidas, o hipocampo funciona como um bloco de notas da mente, registrando novas associações que, se importantes, são transferidas para registros mais duradouros no córtex cerebral.

Amígdala: a casa das emoções

Ao lado do hipocampo, encontramos a amígdala, uma pequena estrutura em forma de amêndoa (Figura 2.7). A amígdala associa diferentes sensações, especialmente as sensações espaciais e fisiológicas, como o medo de um caminho escuro ou o conforto de estar com alguém que amamos. Ela é o centro das emoções, especialmente aquelas relacionadas ao medo e à excitação. Imagine um aluno prestes a fazer uma apresentação – a amígdala está alerta, ajudando a preparar o corpo para enfrentar o desafio e gerenciar as emoções envolvidas. A amígdala forma um *loop* fechado com o hipocampo, permitindo que um influencie o outro e conecte pensamentos e sentimentos com respostas fisiológicas. Para não restar dúvida, a amígdala é como o sistema de alarme da nossa nave, sempre vigilante e pronto para reagir a qualquer sinal de perigo. Quando os alunos se sentem ameaçados ou ansiosos, a amígdala ativa uma resposta de luta ou fuga, preparando o corpo para reagir rapidamente. No contexto da sala de aula, é importante criar um ambiente seguro e acolhedor, no qual os alunos se sintam confortáveis para explorar e aprender sem medo.

Figura 2.7 Estruturas subcorticais.

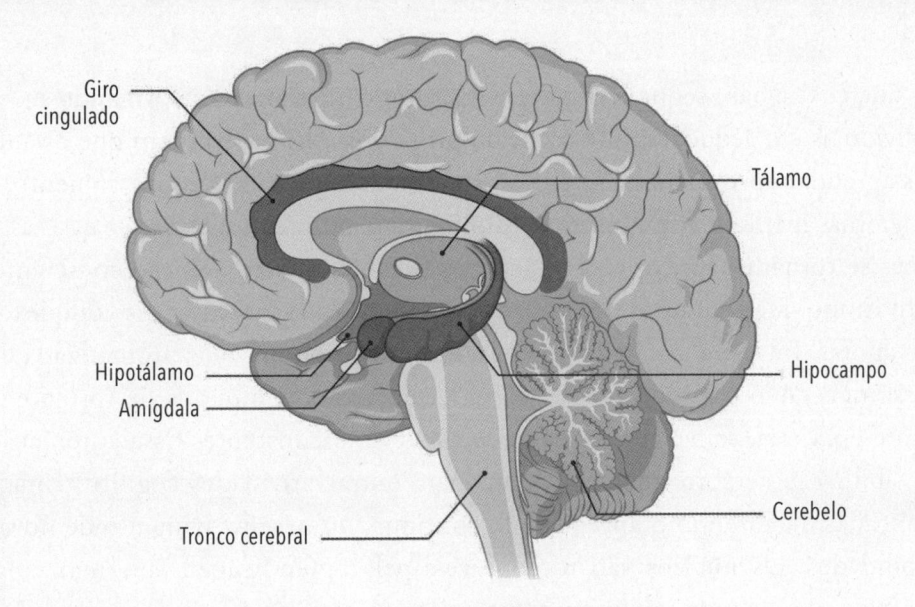

Giro cingulado
Tálamo
Hipotálamo
Amígdala
Hipocampo
Cerebelo
Tronco cerebral

Fonte: Freepik (traduzida pelos autores).

Cerebelo: o maestro da coordenação

Na base do cérebro, temos o cerebelo, responsável pela coordenação motora e pelo equilíbrio. Pense nele como o maestro de uma orquestra, garantindo que todos os movimentos do corpo sejam suaves e coordenados. Quando uma criança anda de bicicleta ou participa de uma atividade esportiva, o cerebelo está calibrando cada movimento para garantir a execução precisa. Na sala de aula, quando ela escreve, é por meio dos registros motores consolidados no cerebelo que vem sua fluência, pois, caso contrário, teria que ficar pensando em cada movimento a ser executado na escrita. Além disso, essa região desempenha funções importantes na memória implícita, que são memórias que não dependem do hipocampo, além de exercer papel na regulação da atenção e funções executivas.[3]

---

[3] AMARAL, A. L. N.; GUERRA, L. B. **Neurociência e educação**: olhando para o futuro da aprendizagem. Brasília: Serviço Social da Indústria (SESI), 2020. Disponível em: https://static.portaldaindustria.com.br/media/filer_public/22/e7/22e7b00d-9ff1-474a-bb53-fc8066864cca/neurociencia_e_educacao_pdf_interativo.pdf. Acesso em: 15 jul. 2024.

Núcleos da base: o centro que automatiza ações

Os núcleos da base sequenciam ações motoras e mentais, transformando ações individuais em sequências de ações ou programas. Eles permitem que os alunos aprendam programas motores, como escrever ou tocar um instrumento, e programas mentais, como resolver problemas matemáticos. Uma vez que essas ações se tornam hábitos, elas podem ser executadas sem atenção consciente, permitindo que os alunos se concentrem em outros aspectos mais complexos das tarefas. Imagine os núcleos da base como a programação automatizada da nossa nave, que permite que ele execute manobras complexas de forma eficiente e precisa, sem a necessidade de supervisão constante. Essa automação possibilita ao cérebro liberar recursos para outras atividades cognitivas mais avançadas, facilitando o aprendizado contínuo e o desenvolvimento de novas habilidades. Os núcleos são responsáveis pela aprendizagem automatizada, por exemplo, quando você aprende a andar de bicicleta ou digitar sem olhar para o teclado.

Núcleo accumbens: o centro de recompensas

A motivação é o motor que nos impulsiona a agir, sendo fundamental para a aprendizagem. O sistema de recompensas do cérebro, centrado no neurotransmissor dopamina, desempenha um papel crucial nesse processo. A dopamina é liberada em resposta a atividades que são percebidas como recompensadoras, seja resolver um problema complexo, receber reconhecimento por um trabalho bem-feito ou descobrir novos conhecimentos. Embora a dopamina seja frequentemente associada ao prazer, é mais precisamente descrita como um neurotransmissor que desempenha um papel elementar na motivação, focando na antecipação de recompensas e no reforço do aprendizado e das ações necessárias para alcançar essas recompensas. Esse neurotransmissor atua em áreas-chave, como o núcleo accumbens, a área tegmentar ventral (VTA) e o córtex pré-frontal (Figura 2.8). O núcleo accumbens, fundamental no circuito de recompensas, reage a estímulos positivos liberando dopamina, o que proporciona uma sensação de prazer e reforça comportamentos que são vistos como benéficos ou gratificantes.

A VTA funciona como uma central de energia para esse sistema, enviando dopamina ao núcleo accumbens e outras regiões para sustentar a motivação. O córtex pré-frontal, por sua vez, usa as informações sobre recompensas potenciais para ajudar na tomada de decisões e no planejamento, como escolher estratégias de estudo baseadas nos resultados desejados. Juntos, esses mecanismos não apenas facilitam a aprendizagem imediata, mas também contribuem para o desenvolvimento de um impulso sustentado para perseguir objetivos de longo prazo.

Figura 2.8 Partes envolvidas no chamado sistema de recompensas do cérebro.

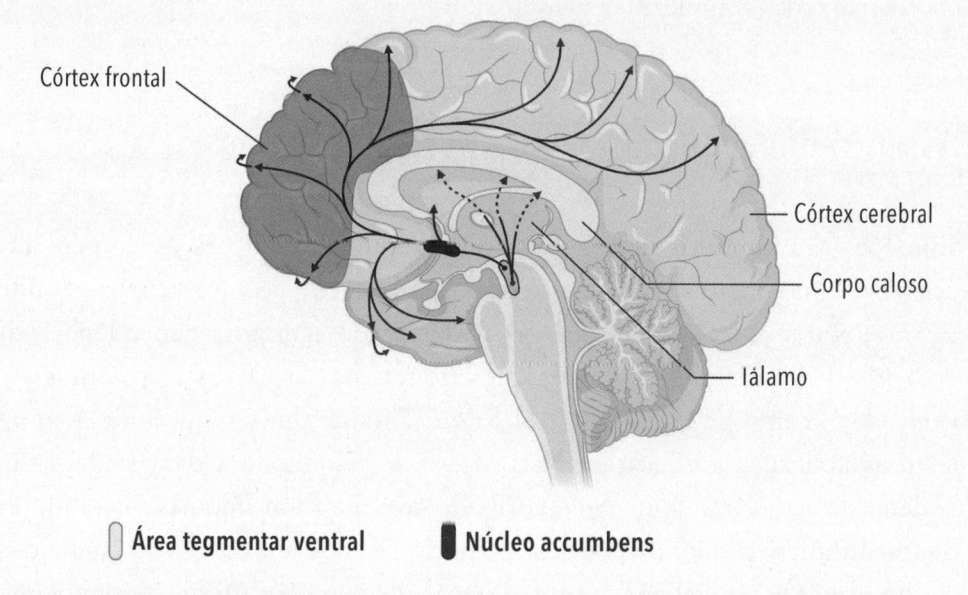

- Córtex frontal
- Córtex cerebral
- Corpo caloso
- Tálamo
- Área tegmentar ventral
- Núcleo accumbens

Fonte: Biorender.com (adaptada pelos autores).

Tronco cerebral: o centro das funções vitais

Finalmente chegamos ao tronco cerebral, a ponte entre o cérebro e a medula espinhal. Ele controla as funções vitais automáticas, como respiração, frequência cardíaca e digestão. É como a sala de máquinas de uma nave, funcionando incessantemente para manter o corpo operando, sem que tenhamos que pensar nisso.

Integração cerebral: a coreografia das funções

Enquanto exploramos diferentes partes do cérebro, é essencial entender como todas essas funções se integram para formar um todo coeso. O cérebro não trabalha em compartimentos e caminhos isolados; em vez disso, ele é um sistema altamente interconectado, em que cada parte desempenha um papel vital na orquestração do comportamento e das respostas cognitivas. Por exemplo, a integração entre o hipocampo e a amígdala permite que memórias sejam associadas a emoções, ajudando os alunos a reterem informações de maneira mais eficaz. O córtex pré-frontal, responsável pelo planejamento e tomada de decisões, se comunica constantemente com outras áreas sensoriais e motoras para coordenar ações complexas e adaptativas.

A dança das emoções, sono, motivação e memória

Emoções são os motivadores do aprendizado. As emoções desempenham um papel fundamental no processo de aprendizagem, pois influenciam a motivação, a atenção e a memória. "O aprendizado estará na dependência do arco-íris de valências emocionais que etiquetamos aos fatos e episódios vivenciados", como bem disse Renata Rosat, durante um seminário de Neurociências aplicadas à educação. Nessa frase, a pesquisadora da Universidade Federal do Rio Grande do Sul (UFRGS) ressaltou um importante caminho neuroeducativo: o valor das valências emocionais que atribuímos ao conteúdo.

O sono é essencial para a consolidação da memória. O sono desempenha um papel fundamental na consolidação da memória e na recuperação cognitiva. Durante o sono, o cérebro processa e organiza as informações adquiridas durante o dia. Pesquisas recentes destacam a função crítica do sono na consolidação das memórias de longo prazo. Durante o sono, especialmente nas fases de sono profundo, o cérebro repete e processa as informações aprendidas ao longo do dia. Esse processo, conhecido como "replay neuronal", é essencial para transformar experiências recentes em memórias duradouras. Experimentos com ratos mostraram que, quando impedidos de dormir, após aprender algo novo em um labirinto, não conseguiam consolidar as informações em memórias de longo prazo.[4] No entanto, os ratos que dormiam sem interrupções mostravam uma ativação repetida dos neurônios envolvidos na aprendizagem, solidificando o aprendizado.

A implicação educacional desses achados é dupla: para garantir que experiências de aprendizagem se transformem em conhecimento retido, é fundamental que os alunos tenham um sono de qualidade após períodos de estudo. Esse entendimento reforça a necessidade de considerar o bem-estar físico e mental dos alunos como parte integral de práticas educativas efetivas. Dessa maneira, Alice incorporou esse conhecimento ao garantir que seus alunos tivessem uma rotina adequada de sono, respeitando a importância do descanso para um aprendizado eficaz.

Motivação e atenção são os alicerces da aprendizagem. A motivação é um fator chave no processo de aprendizagem e a neurociência revela como as emoções influenciam a motivação e a capacidade de aprender. Alice criou um ambiente de sala de aula que era emocionalmente seguro e estimulante, o que melhorou significativamente o desempenho dos alunos. Passou a olhar para os jogos, por exemplo, de outra maneira. Não apenas como um recurso para criar experiências divertidas para os alunos, mas como recursos valiosos para simular situações e motivá-los a se envolverem com sua intencionalidade pedagógica.

A atenção, por outro lado, é limitada e pode ser maximizada por meio de intervalos regulares e atividades variadas. Alice incorporou pausas ativas durante as aulas para ajudar os alunos a manter a concentração e absorver melhor o conteúdo.

A memória é o armazém do aprendizado. A memória é fundamental para o processo de aprendizagem, permitindo que as informações sejam armazenadas e recuperadas quando necessário. Existem diferentes tipos de memória, que podem ser classificadas quanto a sua duração, cada uma com um papel específico no aprendizado (Figura 2.9):

---

[4] GIRI, B. et al. Sleep loss diminishes hippocampal reactivation and replay. **Nature**, 2024, 630, 935-942. Disponível em: https://doi.org/10.1038/s41586-024-07538-2. Acesso em: 12 jul. 2024.

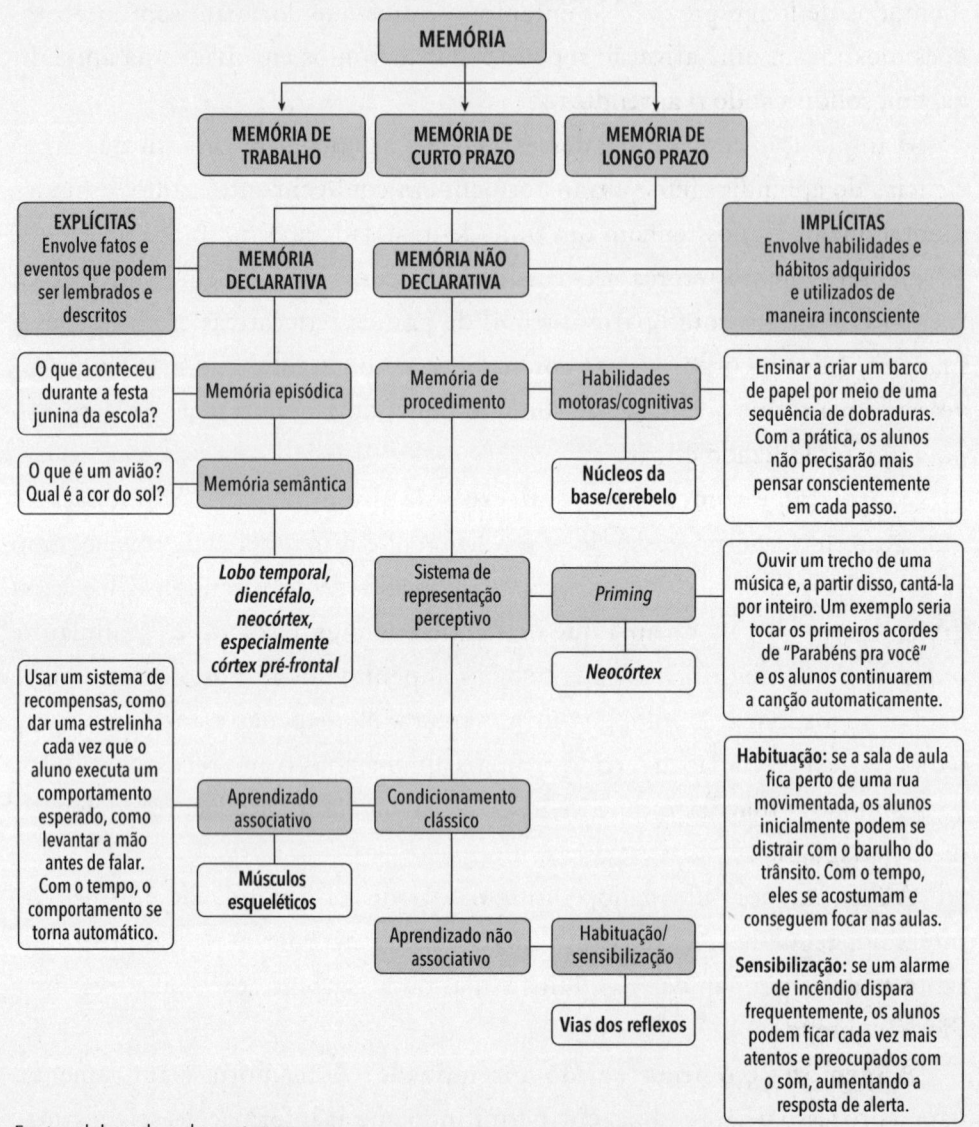

Figura 2.9 Os diferentes tipos de memória e seus papéis.

```
                           MEMÓRIA
             ┌────────────────┼────────────────┐
      MEMÓRIA DE         MEMÓRIA DE         MEMÓRIA DE
      TRABALHO          CURTO PRAZO        LONGO PRAZO
                              │
          ┌───────────────────┴───────────────────┐
    MEMÓRIA                                  MEMÓRIA NÃO
    DECLARATIVA                              DECLARATIVA
```

EXPLÍCITAS				IMPLÍCITAS
Envolve fatos e eventos que podem ser lembrados e descritos				Envolve habilidades e hábitos adquiridos e utilizados de maneira inconsciente

- O que aconteceu durante a festa junina da escola? → **Memória episódica**
- O que é um avião? Qual é a cor do sol? → **Memória semântica**
  - *Lobo temporal, diencéfalo, neocórtex, especialmente córtex pré-frontal*
- **Memória de procedimento** → **Habilidades motoras/cognitivas** → **Núcleos da base/cerebelo** — Ensinar a criar um barco de papel por meio de uma sequência de dobraduras. Com a prática, os alunos não precisarão mais pensar conscientemente em cada passo.
- **Sistema de representação perceptivo** → *Priming* → **Neocórtex** — Ouvir um trecho de uma música e, a partir disso, cantá-la por inteiro. Um exemplo seria tocar os primeiros acordes de "Parabéns pra você" e os alunos continuarem a canção automaticamente.
- Usar um sistema de recompensas, como dar uma estrelinha cada vez que o aluno executa um comportamento esperado, como levantar a mão antes de falar. Com o tempo, o comportamento se torna automático. → **Aprendizado associativo** → **Condicionamento clássico** → **Músculos esqueléticos**
- **Aprendizado não associativo** → **Habituação/sensibilização** → **Vias dos reflexos**
  - **Habituação:** se a sala de aula fica perto de uma rua movimentada, os alunos inicialmente podem se distrair com o barulho do trânsito. Com o tempo, eles se acostumam e conseguem focar nas aulas.
  - **Sensibilização:** se um alarme de incêndio dispara frequentemente, os alunos podem ficar cada vez mais atentos e preocupados com o som, aumentando a resposta de alerta.

Fonte: elaborada pelos autores.

O uso do *priming* no contexto escolar

No vasto campo da psicologia cognitiva, o conceito de *priming* oferece *insights* valiosos sobre como nossas percepções iniciais podem ser moldadas por experiências anteriores. Esse fenômeno pode ser particularmente relevante no contexto educacional, no qual a capacidade de antecipar e influenciar as respostas dos alunos a novos estímulos pode aprimorar significativamente o processo de aprendizagem. Por exemplo, o *priming* ocorre quando a exposição a um estímulo influencia a resposta a um segundo estímulo subsequente, sem que o indivíduo esteja consciente dessa influência. Por exemplo, se os alunos são expostos a termos relacionados a um tópico antes de uma aula (como imagens de uma flor), eles podem rapidamente reconhecer e processar informações relacionadas quando o tópico for formalmente introduzido. Dessa maneira, educadores podem utilizar estratégias de *priming* para preparar os alunos para novos conteúdos. Introduzindo conceitos-chave ou vocabulário relevante antes de aulas mais complexas, os professores podem "ativar" o conhecimento relevante nos alunos, facilitando uma transição mais suave para novas informações e conceitos.

Essa técnica pode ser útil para introduzir tópicos complexos ou abstratos, nos quais o ancoramento dos alunos a conhecimentos familiares pode reduzir a ansiedade cognitiva e melhorar a compreensão. O *priming* desempenha um papel fundamental na maneira como a memória é codificada e recuperada. Ao utilizar *priming* como uma ferramenta pedagógica, os educadores podem melhorar a retenção de longo prazo e a recuperação de informações ao associar novos aprendizados a conceitos já estabelecidos na memória dos alunos. Isso é evidenciado ao verificar como os lembretes visuais ou contextuais podem aumentar a probabilidade de um aluno recordar um fato ou detalhe durante uma prova ou discussão em classe.

Tabela 2.2 Exemplos de uso do *priming* em atividades pedagógicas.

Área de Conteúdo	Contexto da Aula	Estratégia de *Priming*	Atividades de Aplicação	Impacto do *Priming*
Língua Portuguesa	Introdução às vogais	Antes da aula: música com vogais e imagens correspondentes.	Interatividade com cartões de imagens, atividade de desenho associando imagens a vogais.	Reconhecimento mais rápido das vogais, mais engajamento e diversão na aprendizagem.

Área de Conteúdo	Contexto da Aula	Estratégia de *Priming*	Atividades de Aplicação	Impacto do *Priming*
Matemática	Contagem e números	Jogo de contar objetos em grupos pequenos.	Correspondência de números a conjuntos de imagens, exercício de colocar quantidades correspondentes aos números.	Melhoria na habilidade de contar, aprendizado mais eficaz dos números.
Ciências	Características dos animais	Visualização de imagens de animais com características distintas.	Discussão sobre características, atividade de classificação de animais baseada em características físicas.	Desenvolvimento de habilidades de observação, mais retenção de conhecimento.

Entender e aplicar o *priming* na educação enriquece a prática pedagógica e alinha o ensino com as complexidades da mente humana. Ao reconhecer e implementar estratégias que consideram como os alunos percebem e processam informações, os educadores podem criar um ambiente de aprendizagem que não apenas informa, mas também transforma. Portanto, o *priming* não é apenas uma ferramenta para melhorar a memória; é uma chave para desbloquear o potencial pleno de aprendizado de cada aluno.

Alice entendeu que os conteúdos ensinados em aula não se consolidam num primeiro momento. Quando explicava determinados conceitos, os alunos, inicialmente, demonstravam ter aprendido e logo colocavam os ensinamentos em prática, contudo, passadas algumas horas, alguns já evidenciavam dificuldades em iniciar a tarefa. Esse fato ocorre em função de que, num primeiro momento, as informações ficam retidas na memória de curto prazo, mas, à medida que são retroalimentadas com abordagens diferenciadas, como as do *priming*, podem ser consolidadas na memória de longo prazo.

Relevância para educadores

Embora não seja necessário para os educadores saber os nomes de cada subdivisão do cérebro, dos tipos de neurônios ou dos neurotransmissores, é fundamental compreender minimamente o funcionamento do sistema nervoso. É por meio desse sistema que os estudantes captam informações, aprendem e modificam seus comportamentos.

Entender a importância das experiências enriquecedoras nos primeiros anos de vida possibilita aos educadores criarem um ambiente propício para a aprendizagem. Por exemplo, na educação infantil, uma criança já é capaz de distinguir diferentes sons: fortes, fracos, curtos, longos, sons da natureza e de diversos objetos. Essas aprendizagens se ampliam com o tempo e formam novas associações. Se um professor pergunta: "Alguém aqui sabe fazer o som de uma cobra?", e segue com "Será que tem algum colega cujo nome começa com o mesmo som [ssss]?", ele está aguçando ludicamente a percepção auditiva para os sons das letras. Isso, por sua vez, ajuda a criança a modificar comportamentos, como a discriminação auditiva, que é fundamental para a decodificação do código alfabético.

Esse processo de aprendizagem é contínuo e se desenvolve em espiral, o que significa revisitar o mesmo conteúdo de diferentes maneiras e em diferentes contextos, reforçando e ampliando o conhecimento. A repetição estratégica e contínua é essencial para a consolidação das habilidades e dos conhecimentos. Pense bem, toda edificação de uma casa começa pela construção de bons alicerces para que, futuramente, possam ser inseridas as paredes, o telhado e os complementos. Do mesmo modo ocorrem as aprendizagens acadêmicas. No processo de alfabetização, as crianças precisam vivenciar experiências que as levem a diferenciar e discriminar sons diversos (ex: latido do cão × miado do gato) para que possam generalizar essas experiências na identificação e diferenciação dos fonemas (ex: /f/aca, /v/aca). O uso de jogos, livros de histórias e canções infantis são exemplos de recursos e caminhos que compõem as repetições estratégicas e auxiliam na consolidação de novas aprendizagens, como uma consequência direta do processo de remodelagem ou plasticidade cerebral.

O neurocientista Stanislas Dehaene explica que aprender a ler envolve a reconfiguração do cérebro. A região visual do córtex é reciclada para reconhecer letras e palavras. Esse processo de adaptação é um exemplo de plasticidade neural, que é a capacidade do cérebro de se reorganizar e formar novas conexões e caminhos neurais em resposta a novas experiências, ao longo da vida. Isso significa que o cérebro não é uma estrutura fixa, mas sim dinâmica e adaptativa. Experiências de aprendizagem, sejam elas positivas ou negativas, podem alterar a estrutura e a função cerebral.

Técnicas de ensino baseadas em neurociência

Depois daquela aula rica e detalhada sobre as bases biológicas da aprendizagem, Alice começou a aplicar diversas técnicas de ensino baseadas em neurociência para melhorar a aprendizagem de seus alunos.

1. **Aprendizagem multissensorial:** incorporar estímulos visuais, auditivos, motores e táteis para reforçar o aprendizado.
2. **Pausas ativas:** introduzir intervalos regulares para melhorar a atenção e a concentração.
3. *Feedback* **positivo:** utilizar reforços positivos para aumentar a motivação e a autoconfiança dos alunos.
4. **Ensino interativo:** promover atividades que incentivem a participação ativa e a colaboração entre os alunos.
5. **Ativação da memória de** *priming*: trazer informações breves do conteúdo a ser desenvolvido de modo que ele seja identificado como familiar quando entrar em pauta.[5]

Repare, é muito comum publicações na área iniciarem definindo neurociência, mas aqui fizemos algo diferente. Por exemplo, acreditamos que é mais importante entender por que a neurociência é importante no planejamento

---

[5] OLIVEIRA, M. R. de; MOURA, R. A. de; SILVA, M. B. Priming memory and its important role in learning and in the social and professional behavior of individuals. **Concilium**, 2023, 23, (21), 1-10. Disponível em: https://doi.org/10.53660/CLM-2382-23S10. Acesso em: 12 jul. 2024.

estratégico dos educadores e como implementar um caminho neuroeducativo em sua práxis.

A evolução da neurociência permitiu que pesquisadores utilizassem ferramentas como a ressonância magnética funcional (fMRI) para observar o cérebro em ação enquanto as pessoas leem, fazem cálculos ou aprendem novas tarefas. As imagens revelaram quais áreas do cérebro são ativadas durante essas atividades e permitem comparações com indivíduos que ainda não desenvolveram essas habilidades, mostrando como o aprendizado modifica o cérebro. Os estudos de neuroimagem também permitiram visualizar quais funções específicas, como memória de curto prazo, processamento visual e linguagem estão envolvidas na execução de tarefas. Além disso, essas técnicas nos ajudam a observar as mudanças neurofuncionais resultantes de intervenções pedagógicas ou clínicas.

Pesquisas científicas realizadas com estudantes fornecem indicadores de quais déficits comprometem suas habilidades acadêmicas quando não têm habilidades básicas em leitura, escrita e matemática. Por exemplo, Corso e Dorneles[6], em seu estudo "Perfil cognitivo dos alunos com dificuldades de aprendizagem na leitura e matemática", analisaram 79 crianças do 3º ao 6º ano do Ensino Fundamental, e identificaram que essas crianças precisavam de intervenções educacionais focadas na estimulação do processamento fonológico e do senso numérico, habilidades essenciais para a aprendizagem.

No âmbito educacional, é comum ouvir que "as crianças de hoje não são as mesmas" ou "parece que os alunos não aprendem como antes". No entanto, do ponto de vista da evolução cerebral, continuamos a aprender da mesma maneira que nossos antepassados. O que mudou foi o mundo ao nosso redor. Novas tecnologias capturam a atenção das crianças tanto quanto as atividades escolares.[7] Se considerarmos que nós, adultos, enfrentamos um esforço cognitivo maior para tomar decisões que antes eram simples, como escolher um pacote de café entre várias marcas, tipos e formatos, podemos imaginar o

---

[6] CORSO, L. V.; DORNELES, B. V. Perfil cognitivo dos alunos com dificuldades de aprendizagem na leitura e matemática. **Psicologia – Teoria e Prática**. 2015, v. 17, n. 2, 185-198.

[7] GOLEMAN, D. **Foco**: a atenção e seu papel fundamental para o sucesso. Trad. de C. Zanon. Rio de Janeiro: Objetiva, 2014.

quanto nossas crianças são bombardeadas com informações e escolhas que podem ser mais atraentes do que as tarefas escolares.

Antigamente, as crianças precisavam "saber o conteúdo na ponta da língua" para terem sucesso escolar. Hoje, o foco mudou para "entender o processo". No entanto, decorar para a prova não garante a aprendizagem, assim como apenas entender o processo não assegura que o aluno terá sucesso. Aprender exige revisitar o mesmo conteúdo diversas vezes e de diferentes maneiras, o que, por certo, influenciou a organização da Base Nacional Comum Curricular (BNCC). É aqui que os conceitos básicos da neurociência e os caminhos neuroeducativos se tornam fundamentais para os educadores. Não se trata de migrar de um método de aprendizagem para outro, mas de entender quais elementos de cada método são importantes e fundamentá-los com as pesquisas neurocientíficas atuais.

Diariamente, educadores, pais e professores atuam como agentes nas mudanças neurobiológicas que levam à aprendizagem, mesmo que conheçam pouco sobre o funcionamento do cérebro. Entender esses processos pode transformar a abordagem pedagógica, ajudando a criar caminhos neuroeducativos e ambientes de aprendizagem que promovam o desenvolvimento pleno dos alunos.

Resumo Executivo

- O cérebro humano adapta regiões originalmente destinadas ao reconhecimento de objetos e faces para decodificar símbolos e letras. A leitura é um exemplo poderoso de plasticidade neural, na qual várias áreas do cérebro se reorganizam para processar informações visuais, sonoras e linguísticas simultaneamente.

- A capacidade do cérebro se reorganizar formando novas conexões em resposta a novas experiências é fundamental para a aprendizagem e a memória. A prática repetida e o reforço positivo ajudam a consolidar essas conexões, tornando o conhecimento mais acessível e duradouro.

(continua)

- A prática de habilidades específicas, como a tabuada, fortalece as conexões neurais associadas, facilitando a lembrança rápida e precisa. A repetição e o reforço são essenciais para a consolidação das habilidades e dos conhecimentos.

- O cérebro funciona como um sistema altamente interconectado, no qual cada parte desempenha um papel vital na coordenação de comportamentos e respostas cognitivas. A comunicação entre o hipocampo e a amígdala, por exemplo, associa memórias a emoções, facilitando a retenção de informações.

- Utilizar estímulos visuais, auditivos, motores e táteis para reforçar o aprendizado. Incorporar intervalos regulares para melhorar a atenção e a concentração dos alunos. Reforçar positivamente para aumentar a motivação e a autoconfiança dos alunos. Promover atividades que incentivem a participação ativa e a colaboração entre os alunos.

Autorregulagem da aprendizagem

Complete as lacunas.

Alice descobriu que a leitura envolve a ativação de várias áreas do cérebro, incluindo a área visual primária, o giro fusiforme e o _____.

O professor utilizou uma analogia com o filme "Querida, encolhi as crianças" para explicar como compreender a aprendizagem em um nível _____ pode revelar os mecanismos fundamentais que tornam possíveis as habilidades cognitivas.

(continua)

Quando um aluno pratica repetidamente um novo conceito matemático, as conexões neurais associadas a este conceito se tornam mais _____ e eficientes, um processo conhecido como _____.

No topo do cérebro, encontra-se o _____ cerebral, responsável por funções complexas, como pensamento e percepção, e dividido em _____ lobos principais: frontal, parietal, temporal e _____.

Durante o desenvolvimento, os _____ guiam a divisão, _____ e especialização das células nervosas, formando _____ neurais _____. Este processo contínuo é conhecido como _____.

CAPÍTULO 3

NEUROCIÊNCIA E OS QUATRO PILARES DA EDUCAÇÃO

- Quais são os quatro pilares da educação, segundo Jacques Delors, e como eles se relacionam com a neurociência?
- Como a curiosidade pode transformar o processo de aprendizagem dos alunos?
- De que maneira a teoria e a prática podem fortalecer as conexões neurais e melhorar a retenção do conhecimento?
- Qual é o impacto das interações sociais no engajamento e no desempenho acadêmico dos estudantes?
- De que maneira as práticas de autoconhecimento, como a meditação, influenciam a neuroplasticidade e a aprendizagem?

Tornar-se competente, bom naquilo que faz, requer um gasto de energia para a aquisição de tantos conhecimentos, lógicas, habilidades, mas que, por serem novos, têm sua porção estranha e desconhecida. Aprender é sofrer verdadeiras mudanças de valores e de hábitos. É suar a camiseta da neuroplasticidade!

RENATA ROSAT[1]

---

[1] ROSAT, R. M. Emoção de ensinar à emoção para aprender. BARROS, D. M.; CARVALHO, F. A. H.; ABREU, C. **III Seminário de Neurociências Aplicada à Educação:** habilidades cognitivas e socioambientais, 11 e 12 de agosto de 2016. Rio Grande: Ed. da FURG, 2016.

Carlos no mundo da coordenação pedagógica

A realidade no contexto escolar muitas vezes apresenta desafios complexos, que precisam ser abordados em um nível mais amplo. É aqui que entra Carlos, o coordenador pedagógico. Carlos sempre foi um defensor apaixonado da educação de qualidade, mas recentemente estava enfrentando um problema difícil. Ele assistiu a um aumento significativo nos índices de desregulação socioemocional e baixo desempenho acadêmico entre os alunos de sua escola após a pandemia. As queixas dos professores eram recorrentes: os alunos não estavam aprendendo como antes, o comportamento em sala de aula estava se deteriorando e os métodos tradicionais de ensino não pareciam mais eficazes. Carlos sabia que precisava encontrar uma solução. Ele decidiu voltar aos estudos e se matriculou em um curso de pós-graduação, onde conheceu Alice. Carlos entrou na disciplina "Neurociências aplicadas à educação", a segunda do curso. Logo na primeira aula, a professora apresentou o diagrama mostrado a seguir (Figura 3.1).

Figura 3.1 Os quatro pilares da educação e suas relações com as neurociências.

```
Aprender a                                              Aprender a
CONHECER                                                FAZER
conhecimento                                            habilidades
           MOTIVAÇÃO              EXPERIÊNCIAS
           Aprendizagem pela      Aprendizagem pela teoria
           curiosidade e relevância   e prática

           SOCIOEMOCIONAL         AUTORREGULAÇÃO
           Aprendizagem pela      Aprendizagem pelo
Aprender a interação social       autoconhecimento      Aprender a
CONVIVER                                                SER
socialização                                            atitudes
```

Relatório Jacques Delors, 1999 – Unesco

Fonte: elaborada pelos autores.

Sem saber, Carlos, logo no primeiro momento, deparou com uma adaptação do conceito dos "Quatro pilares da educação", propostos por Jacques Delors[2], associado aos conhecimentos das ciências da aprendizagem que seriam fundamentais para entender e resolver o problema enfrentado por ele na escola.

Aprendizagem pela curiosidade e relevância

A admiração é uma potente emoção em se tratando de aprendizagem. Qual é o perfil motivacional da admiração? De acordo com alguns filósofos, a motivação

---

[2] DELORS, J. et al. **World Declaration on Education for All and Framework for Action to Meet Basic Learning Needs**. Unesco, 1996. Disponível em: https://unesdoc.unesco.org/ark:/48223/pf0000109590. Acesso em: 17 jul. 2024.

típica, que surge da admiração, é o desejo de imitar. O sentimento de admiração é um caminho que atrai e carrega consigo o ímpeto de imitar.³ Uma pesquisa realizada com dados de escolas públicas, na Austrália, mostrou que práticas de ensino eficazes e o engajamento dos alunos têm uma relação direta com o desempenho acadêmico. O estudo destaca que a motivação dos professores e o tempo de aprendizagem efetivo impactam positivamente o comportamento dos alunos, despertando o desejo de imitá-los, resultando em melhor desempenho acadêmico.⁴

Outro estudo aponta que o suporte emocional dos professores está associado a melhores resultados comportamentais e acadêmicos dos alunos. Professores que mostram interesse e fornecem ajuda adicional aos alunos contribuem para um ambiente de aprendizado mais engajado e motivado, o que se traduz em melhores desempenhos acadêmicos e maior bem-estar dos estudantes.⁵

A Organização das Nações Unidas para a Educação, a Ciência e a Cultura (Unesco) enfatiza que estabelecer condições básicas para os professores, como salários competitivos e oportunidades de progressão na carreira, é crucial para manter a motivação. Professores motivados estão mais propensos a permanecer em suas posições e a se engajar em práticas de ensino que beneficiam os alunos. Políticas que incentivam o desenvolvimento profissional contínuo e a colaboração entre professores também são fundamentais para manter altos níveis de motivação e eficácia no ensino.

Do outro lado, é fundamental pensar nos aspectos motivacionais por parte do aluno. Segundo a neurociência, a curiosidade é uma das "armas" mais poderosas para atrair e engajar os jovens no processo de aprendizagem.⁶ O indivíduo

---

³ ARCHER, A. Admiration and motivation. **Emotion Review**, 2019, 11(2), 140-150. Disponível em: https://doi.org/10.1177/1754073918787235. Acesso em: 12 jul. 2024.

⁴ TOMASZEWSKI, W. et al. The Impact of effective teaching practices on academic achievement when mediated by student engagement: evidence from australian high schools. **Education Sciences**, 2022, 12(5), 358. Disponível em: https://doi.org/10.3390/educsci12050358. Acesso em: 17 jul. 2024.

⁵ OECD. **PISA 2018 Results**. What school life means for students'lives. Paris: OECD Publishing, 2019. v. III. Disponível em: https://doi.org/10.1787/acd78851-en. Acesso em: 17 jul. 2024.

⁶ KANG, M. J. et al. The wick in the candle of learning: Epistemic curiosity activates reward circuitry and enhances memory. **Psychological Science**, 2009, 20(8): 963-73.

curioso é aquele que apresenta brilho nos olhos diante do desconhecido. Na verdade, não é somente o brilho nos olhos que o caracteriza: a curiosidade estimula as vias simpáticas do sistema nervoso autônomo do indivíduo, dilatando suas pupilas, e aumentado o seu grau de excitação e atenção. Esses são os chamados sintomas externos (aparentes), já bastante conhecidos. Em relação aos sintomas internos, que compreendem as bases psicológicas e neurais da curiosidade, há poucos estudos. Claro, não é nada fácil estudar o processamento interno desse fenômeno altamente abstrato.

Os cientistas já encontram uma dificuldade metodológica para examinar e estudar a curiosidade, problema que vem sendo superado graças às novas técnicas de imageamento cerebral, como a ressonância magnética funcional (fMRI), que permite observar o funcionamento do cérebro em tempo real enquanto o sujeito executa uma tarefa.

Munidos dessa técnica e das bases das neurociências, cientistas das Universidades de Illinois e de Stanford realizaram um estudo para verificar se é possível praticar a curiosidade, além de verificar quais áreas do cérebro são ativadas pela curiosidade e como elas se relacionam com outras habilidades cognitivas, tais como a memória, a atenção, o raciocínio e a aprendizagem.[7] No primeiro experimento, estudantes universitários tiveram seus cérebros escaneados por meio da fMRI enquanto respondiam a 40 perguntas sobre diferentes assuntos. Antes de responder cada questão, o sujeito apontava o grau de curiosidade em relação à resposta da pergunta específica. Depois disso, era perguntado ao estudante sobre o grau de certeza da resposta dada. Logo após a resposta, o participante recebia um *feedback* sobre a sua escolha e descobria qual era a resposta certa para cada pergunta. O que o estudo revelou? Dependendo do grau de curiosidade do participante sobre a questão, áreas diferentes do cérebro eram ativadas. Quanto maior a curiosidade em relação à resposta, maior era a ativação do corpo estriado, constituído por dois núcleos: o núcleo caudado e o núcleo lentiforme (que é o conjunto do putâmen e do globo pálido). Essas regiões compõem os chamados núcleos da base do cérebro, apresentam diferentes

---

[7] NESTOJKO, J. F. et al. Expecting to teach enhances learning and organization of knowledge in free recall of text passages. **Memory & Cognition**, 2014, 42(7): 1038-48.

estruturas, realizam atividades que atuam como uma unidade funcional e são responsáveis por importantes funções, entre elas, o aprendizado e a memória.

No segundo experimento, outro grupo de estudantes respondeu às questões, repetindo o mesmo protocolo do primeiro experimento. Não foi utilizada a fMRI. Após cerca de 11 a 16 dias, os participantes retornaram ao laboratório para realizar uma tarefa de memória. Nesse teste, os pesquisadores apresentaram as mesmas questões e perguntaram sobre a lembrança da resposta dada pelo próprio sujeito dias atrás. Os estudantes receberam US$ 0,25 para cada resposta correta. Durante o teste, os cientistas avaliaram a dilatação da pupila como indicação do grau de curiosidade do participante diante da pergunta. O resultado desse experimento mostrou uma associação entre o aumento da dilatação da pupila, o aumento do grau da curiosidade e mais sucesso no teste de memória. Em consonância com os resultados do primeiro experimento, a curiosidade, provavelmente, ativou áreas do cérebro relacionadas à memória e aprendizagem.

Cientistas do Instituto de Psicologia da Universidade de Leiden, na Holanda, demonstraram recentemente que o desejo do indivíduo em conhecer algo desconhecido, isto é, a curiosidade, ativa também o córtex cingulado anterior, e que, satisfeita a curiosidade, acende outras áreas do cérebro relacionadas à memória e aprendizagem. Os pesquisadores utilizaram a fMRI para investigar o que acontece em nosso cérebro durante uma tarefa de indução e satisfação posterior da curiosidade. Eles apresentaram pares de imagens a 19 estudantes enquanto seus cérebros eram escaneados pelo aparelho de ressonância magnética.[8]

Algumas imagens foram manipuladas e desfocadas propositalmente, a fim de gerar uma informação visual ambígua, enquanto outras permaneceram nítidas e limpas. Cada participante visualizou 28 pares de imagens, uma seguida da outra. A equipe de pesquisa organizou quatro condições distintas, que eram apresentadas de modo aleatório para o sujeito (Figura 3.2). Quando os estudantes visualizaram imagens desfocadas, condição de indução da curiosidade, áreas do córtex cingulado anterior e do lobo da ínsula anterior foram ativadas. Essas duas regiões são tipicamente acionadas, em geral, por condições aversivas (dor, incertezas, erros e nojo).

---

[8] JAPEMA, M. et al. Neural mechanisms underlying the induction and relief of perceptual curiosity. **Frontiers in Behavioral Neuroscience**, 2012, 13:6:5.

A ativação dessas áreas foi maior nas condições em que a primeira imagem apresentada estava desfocada (condição D-L correspondente e D-L não correspondente).

Figura 3.2 Imagens apresentadas aos participantes da pesquisa.

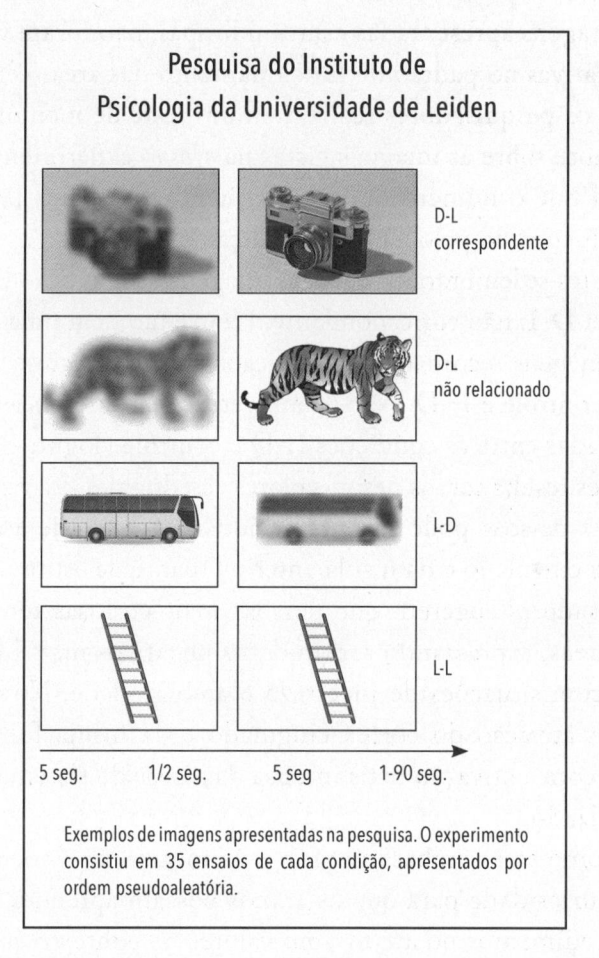

Pesquisa do Instituto de Psicologia da Universidade de Leiden

- D-L correspondente
- D-L não relacionado
- L-D
- L-L

5 seg. — 1/2 seg. — 5 seg — 1-90 seg.

Exemplos de imagens apresentadas na pesquisa. O experimento consistiu em 35 ensaios de cada condição, apresentados por ordem pseudoaleatória.

Fonte: adaptada de Japema et al., 2012.

O que podemos concluir é que os processos de aprendizagem por tentativa e erro são mediados pelos núcleos da base. Foi verificada, ainda, a ativação do giro do córtex pré-frontal e para-hipocampal, áreas relacionadas ao planejamento de ações, pensamento abstrato e memória. Quando as imagens limpas foram visualizadas (condição de satisfação da curiosidade) logo após as imagens desfocadas, o padrão de funcionamento do cérebro foi modificado. Nesse caso, ocorreu ativação das áreas do cérebro relacionadas ao sistema de recompensa, como o corpo estriado, e áreas do hipocampo relacionadas à memória.

A ativação dessas áreas foi maior na condição em que as imagens eram correspondentes do que nas outras três condições. Na condição controle, na qual as duas imagens apresentadas estavam limpas, não foram verificadas mudanças significativas no padrão de funcionamento das áreas cerebrais. Após o escaneamento, os pesquisadores realizaram um teste de memória, perguntando ao participante sobre as imagens vistas na sessão experimental. Os resultados mostraram que o número de imagens lembradas pelos participantes foi fortemente influenciado pelo tipo de condição exposta.

Os estudantes se lembraram mais das imagens da condição D-L correspondente do que da D-L não correspondente. Houve também uma diferença entre o número de imagens recordada na condição D-L não correspondente do que nas condições controle e L-D. Não foram verificadas diferenças no número de imagens lembradas entre as condições L-D e controle (Figura 3.2). Em consonância com esses resultados, os pesquisadores acreditam que a variação de curiosidades entre as pessoas pode ser correlacionada à força de ativação de áreas como do córtex cingulado e da ínsula anterior, diante de estímulos ambíguos.

Os pesquisadores sugerem que pessoas mais curiosas têm uma ativação maior dessas áreas, expressando sentimentos negativos mais intensos quando confrontados com situações de incerteza e ambiguidade. No experimento, a maior força da ativação do córtex cingulado e da ínsula foi correlacionada positivamente com a ativação mais intensa das áreas do sistema de recompensa e do aprendizado.

Estudos como esses embasam a força da motivação associada a situações que ativem a curiosidade para que os alunos possam aprender a conhecer, sejam fatos, procedimentos ou até mesmo valores no contexto escolar.

Para endossar esse pilar importante da aprendizagem, vale a pena destacar outro ponto, o da **aprendizagem por relevância**, que é um conceito central, pois os estudantes tendem a assimilar melhor as informações que consideram significativas e úteis para suas vidas. Do ponto de vista neurobiológico, a relevância está intimamente ligada à ativação do sistema de recompensa do cérebro. Quando os alunos percebem o conteúdo como relevante, ocorre uma liberação de dopamina, que não só aumenta a sensação de prazer, como também fortalece as conexões neuronais envolvidas na memória e na aprendizagem. Isso explica por que os alunos se lembram melhor de informações que podem aplicar em contextos práticos ou que estão conectadas a seus interesses pessoais. Ao promover um aprendizado baseado na relevância e na curiosidade, os educadores podem ativar mecanismos cerebrais que potencializam a retenção de informações e o engajamento dos estudantes.

Carlos refletiu sobre como a neurociência mostra que a relevância e a curiosidade ativam o sistema dopaminérgico, o circuito de recompensa do cérebro. "Precisamos fazer os alunos se apaixonarem pelo aprendizado novamente," pensou Carlos. Ele começou a pensar em atividades que despertam a curiosidade dos alunos, como projetos de investigação e perguntas instigantes que os levassem a explorar e descobrir por si mesmos. "Por que o céu é azul?" ou "Como os pássaros sabem para onde migrar?". Essas perguntas simples ativam os circuitos de curiosidade e facilitam a aprendizagem. Carlos observou que, ao utilizar jogos educativos e elementos de jogos, ou gamificação, os alunos mostravam mais engajamento e entusiasmo. "Os jogos," pensou ele, "podem ser poderosas ferramentas de aprendizado, desde que usados de maneira estratégica.⁹"

Ele, então, implementou *quizzes* interativos, jogos de lógica e plataformas digitais que permitiam aos alunos aprender de maneira lúdica e divertida. Por exemplo, em uma aula sobre o sistema solar, Carlos propôs um jogo em que os alunos assumiram o papel de exploradores espaciais. Cada missão completada no jogo representava um novo aprendizado sobre os planetas e estrelas. "A curiosidade e o prazer de aprender," explicou Carlos aos professores, "são os motores que impulsionam o aprendizado eficaz." Ele também incentivou o uso de aplicativos educacionais que proporcionam experiências imersivas, como visitas virtuais a museus e laboratórios de ciências.

Aprendizagem pela teoria e pela prática

A combinação da teoria com a prática é um elemento fundamental para um aprendizado eficaz e duradouro. Essa abordagem é sustentada por diversos estudos neurocientíficos que demonstram como a prática e a aplicação de

---

[9] EUGÊNIO, T. **Aula em jogo**: descomplicando a gamificação para educadores. São Paulo: Évora, 2020.

conhecimentos teóricos consolidam as habilidades cognitivas e motoras. De acordo com a neurociência, a aprendizagem prática ativa múltiplas áreas do cérebro, reforçando as conexões neurais por meio da repetição e aplicação real dos conceitos. Por exemplo, estudos feitos a partir da RMF mostram que a prática repetida de tarefas motoras e cognitivas aumentam a densidade sináptica nas áreas correspondentes do cérebro, como o córtex motor e o hipocampo, que são essenciais para a memória e a execução de habilidades motoras.[10]

Matemática: ao usar materiais manipuláveis e resolver problemas práticos, os alunos podem visualizar e internalizar conceitos abstratos, o que facilita a compreensão e a retenção de conhecimento. Esse método é eficaz porque envolve múltiplas modalidades sensoriais, o que potencializa a ativação das redes neurais associadas ao aprendizado.

Ciências: realizar experimentos permite que os alunos vejam a teoria em ação. Quando um aluno realiza um experimento, ele não apenas compreende o conceito teórico, mas também vê suas implicações práticas, o que reforça a aprendizagem e a memória de longo prazo. Essa abordagem ativa tanto o córtex pré-frontal, responsável pelo planejamento e raciocínio, quanto o hipocampo, que é crucial para a formação de novas memórias.

Artes: em aulas de artes, praticar técnicas de pintura e escultura desenvolve habilidades motoras finas e criatividade. Essas atividades envolvem o córtex motor e áreas associadas à coordenação visuoespacial, fortalecendo as conexões neuronais mediante a prática repetitiva e a criação de novas sinapses.

Carlos, então, lembrou-se de um aluno, Pedro, que tinha dificuldades em matemática. Em vez de apenas forçar a memorização de fórmulas, Carlos incentivou Pedro a usar materiais manipuláveis e a resolver problemas reais que exigiam a aplicação dos conceitos matemáticos. "A repetição estratégica de tarefas práticas fortalece as conexões neuronais," explicou aos professores. "Quando os alunos praticam habilidades motoras, como tocar um instrumento

---

[10] SEGHIER M. L.; FAHIM M. A.; HABAK, C. Educational fMRI: from the lab to the classroom. **Front. Psychol.**, 2019.

musical ou realizar experimentos científicos, essas conexões se tornam mais fortes e eficientes." Carlos também incentivou atividades práticas em outras disciplinas. Na aula de ciências, por exemplo, os alunos realizavam experimentos para entender os princípios da física e da química. Na aula de artes, eles aprendiam técnicas de pintura e escultura, desenvolvendo suas habilidades motoras finas e a criatividade.

Aprendizagem pela interação social

Mais conteúdo, mais exercícios, mais repetição e testes podem até resultar em uma nota maior, todavia, não preparam o aluno de maneira integral, muito menos desenvolvem nos estudantes as competências socioemocionais necessárias para enfrentar os desafios da vida real, os quais exigem indivíduos com orientação de interesse e energia em direção às relações sociais; ao pensamento crítico e à resolução de problemas; à estabilidade emocional balizada pela previsibilidade e consistência de reações emocionais; ao interesse e motivação para agir de modo cooperativo e não egoísta e à demonstração de empatia e compaixão pelos pares.

Tabela 3.1 Competência socioemocional e exemplos de aplicação em sala de aula.

Competência Socioemocional	Descrição	Exemplos em sala de aula
Orientação de interesse e energia	Foco nas relações sociais, habilidade para direcionar energia e interesse em cultivar e manter interações sociais positivas.	**Atividades em grupo:** planejar projetos em grupo que requerem cooperação e comunicação, como montagens de teatro, projetos de ciências em grupo, ou jogos cooperativos que incentivem o trabalho em equipe.

Competência Socioemocional	Descrição	Exemplos em sala de aula
Pensamento crítico e resolução de problemas	Capacidade de analisar situações complexas e desenvolver soluções eficazes; inclui avaliação crítica das informações e aplicação prática de soluções.	**Resolução de problemas reais:** encorajar os alunos a identificar problemas na escola ou na comunidade e propor soluções. Realizar simulações que permitam aos alunos praticar a tomada de decisões e resolver conflitos.
Estabilidade emocional	Consistência e previsibilidade nas reações emocionais, permitindo uma resposta equilibrada a situações variadas.	**Regulação emocional:** ensinar técnicas de *mindfulness* e exercícios de respiração para ajudar os alunos a gerenciar suas emoções. Utilizar histórias ou *role-playing* para discutir situações emocionais e como lidar com elas de maneira saudável.
Interesse e motivação para cooperação	Tendência a agir de maneira cooperativa, priorizando o bem comum em detrimento de interesses estritamente pessoais.	**Projetos comunitários:** envolver os alunos em projetos de serviço comunitário ou campanhas de solidariedade, nas quais tenham que trabalhar juntos para ajudar os outros. Discussões em classe sobre a importância do trabalho em equipe e da solidariedade.
Empatia e compaixão	Capacidade de entender e compartilhar os sentimentos dos outros, demonstrando compaixão e empatia em interações cotidianas.	**Atividades de empatia:** usar literatura e histórias para explorar diferentes perspectivas e sentimentos. Organizar atividades em que os alunos devem ajudar uns aos outros, como tutoria entre pares ou cuidar de plantas ou animais.

Além disso, há de convir que o modelo de educação tradicional, focado estritamente na performance e recompensa individual, é bastante obsoleto frente aos achados recentes, que convergem para um novo modelo de ser humano cooperativo e empático por natureza. Associado ao universo de interfaces e possibilidades oferecidas pelo mundo digital, o campo da educação sofre pressão de todos os lados para se ressignificar como práxis e como caminho para a formação de cidadãos ativos, conscientes e felizes no mundo.

Não é para menos que os currículos escolares sofrem, atualmente, uma espécie de primavera metamórfica. Surgem com nomes diferentes com a clara intenção de exibir uma noção de interdisciplinaridade, integração entre disciplinas e abertura de novos espaços para experimentação e ressignificação do processo de ensino e aprendizagem. Na verdade, o nome do currículo pouco importa. O calcanhar de Aquiles reside na maneira como as relações são estabelecidas entre os atores que formam o ecossistema de aprendizagem, isto é, entre os professores e os estudantes.[11]

Sabe-se que, durante as interações sociais, um alto grau de sincronia entre indivíduos é um indicador chave do envolvimento cooperativo. A sincronia pode ser definida como a coordenação e modulação de comportamentos e estados afetivos entre indivíduos que interagem em um ambiente social, como o de uma sala de aula. Essa sincronia também pode ocorrer no nível fisiológico, a partir de respostas autônomas, indicando o nível de excitação fisiológica mediado pelo funcionamento cerebral. Desse modo, o exame do nível de sincronia dos estados fisiológicos entre os alunos em uma sala de aula pode indicar o engajamento destes nas tarefas de aprendizagem. A equipe do neurocientista Ross Cunnington, da Universidade de Queensland, vem realizando pesquisas interessantes nessa linha, testando o efeito de estratégias pedagógicas sobre o entendimento de conceitos científicos e o uso destes para resolução de problemas por estudantes australianos.[12] Os dados qualitativos, coletados pela gravação em vídeo e observação *in loco*, são cruzados com medidas quantitativas

---

[11] EUGÊNIO, 2020.

[12] GILLIES, R. et al. Multimodal representations during an inquiry problem-solving activity in a Year 6 science class: A case study investigating cooperation, physiological arousal and belief states. **Australian Journal for Education**, 2016, 60(2). Disponível em: https://www.researchgate.net/publication/303867064_Multimodal_representations_during_an_inquiry_problem-solving_activity_in_a_Year_6_science_class_A_case_study_investigating_cooperation_physiological_arousal_and_belief_states. Acesso em: 17 jul. 2024.

dos estados fisiológicos das crianças. Os dados são coletados por uma pulseira sem fio, utilizada pelos participantes, que registram movimento, temperatura, atividade eletrodérmica e frequência cardíaca, medidas que estão relacionadas fortemente a processos de atenção, concentração e memória no cérebro, além de engajamento e cooperação durante as atividades propostas.

Foram comparados dois estilos de organização social de estudantes: "pequenos grupos cooperativos" e o "classe inteira", no qual os estudantes tiveram liberdade para fazer contato com todos os outros. A partir do registro da sincronia fisiológica entre as crianças, os cientistas criaram redes gráficas de conectividade. Esse tipo de análise tem sido amplamente utilizado na neurociência para avaliar interações e sincronia entre regiões cerebrais. Cunnington adaptou essa metodologia para analisar a sincronia em cada contexto social observado em sala de aula. Os resultados mostraram que o nível de sincronia fisiológica entre os estudantes foi maior no contexto de "sala inteira", na qual todos estabeleciam conexões com todos. Portanto, no que diz respeito à sincronia fisiológica, como reflexo e indicador de envolvimento dos alunos durante a aprendizagem, é mais apropriado pensar em atividades pedagógicas que envolvam todos os alunos. Nesse cenário, a atuação individual do estudante pode ficar comprometida. O contexto da aprendizagem em grupos menores é mais fácil para o aluno se expressar, sentir-se ouvido por outros, envolver-se em discussões e investigações científicas mais focadas para pensar e construir significados sobre a sua própria aprendizagem. Logo, isso significa que pensar em atividades nas quais o aluno é organizado em pequenos grupos cooperativos também é importante. O problema está no senso comum de que apenas a divisão em grupos pequenos seja suficiente para assegurar o engajamento pleno dos estudantes. O segredo é não mirar nas extremidades, mas sim no ponto de equilíbrio. É acreditar no poder da hibridização e na mesclagem de sistemas logísticos, simbólicos e linguísticos para assegurar uma boa aprendizagem.

Seguindo a mesma linha de raciocínio, nessa mesma pesquisa, foi verificado que o sucesso da aula dependeu, sobretudo, do número de estímulos e estratégias utilizados pelo professor. A aprendizagem foi eficaz ao se combinar estímulos e estratégias, como texto, exposição oral, imagens gráficas, animações, áudio, vídeo, modelos tridimensionais e simulações virtuais. Os alunos também tiveram a oportunidade de confeccionar painéis, registrando ideias (O que sabemos? O que desejamos aprender? O que aprendemos? Como nós aprendemos?), *storyboards*, registro em fotos, construção de modelos, tabelas, entrevistas gravadas e planejamento de apresentações cinestésicas (performances).

No passado, a maioria dos estudos de imagem neural de processos sociais limitava-se a apresentar estímulos controlados para um indivíduo, geralmente em um ambiente de laboratório. Pesquisas como as da equipe de Ross Cunnington mostram, agora, múltiplos cérebros interagindo e apontam métodos para quantificar a vida social em curso. Em diferentes níveis de análise, do microscópico mundo das células ao ecossistema caótico do movimento das pessoas, as pesquisas têm, na verdade, corroborado ideias de visionários antigos da educação, como Lev Vygotsky, John Dewey, Seymour Papert e Paulo Freire, os quais, muito antes de tomar qualquer conhecimento sobre neurônios ou poder registrar dados biométricos em suas investigações, afirmaram que o jeito mais elegante e eficaz de aprender é por meio das interações sociais.

> A NEUROCIÊNCIA VALIDA PIONEIROS COMO VYGOTKSY, DEWEY E PAULO FREIRE: INTERAÇÕES SOCIAIS SÃO O MÉTODO MAIS ELEGANTE E EFICAZ DE APRENDIZAGEM.

A investigação sobre o que acontece quando dois ou mais cérebros se comunicam em uma situação de ensino-aprendizagem despertou a atenção de neurocientistas brasileiros, os quais comandam atualmente os estudos mais interessantes sobre neuroplasticidade transpessoal no contexto escolar.[13] Eles têm utilizado a Espectroscopia Funcional no Infravermelho Próximo (fNIRS). Essa técnica utiliza luz infravermelha próxima para monitorar a atividade cerebral, medindo os níveis de oxigenação do sangue no cérebro. A fNIRS não é invasiva, é portátil e pode ser utilizada em várias situações, incluindo estudos em ambientes naturais e educacionais. É especialmente útil para estudar a função cerebral em crianças e em contextos em que outras técnicas de imagem, como a fMRI, seriam menos práticas. Além da fNIRS, os cientistas utilizaram o rastreamento ocular e a pupilometria em crianças e professoras,

---

[13] LENT, R. **O cérebro aprendiz**: neuroplasticidade e educação. Rio de Janeiro: Atheneu, 2018.

durante atividades escolares ativas, como aprender a somar jogando, e passivas, como assistir a uma aula expositiva.[14]

No primeiro caso, observaram a sincronia das atividades cerebrais e identificaram as áreas corticais envolvidas. Também foi possível detectar quando diferentes áreas corticais eram ativadas na criança e na professora. O rastreamento ocular e a pupilometria permitiram identificar o foco atencional da criança no que a professora fazia, seja escrevendo na lousa ou falando. O rastreamento ocular mostrou para onde a criança estava olhando, enquanto a pupilometria mediu o diâmetro pupilar, indicando o grau de atenção e interesse. Os resultados mostraram que a criança alternava seu olhar entre a lousa e a face da professora, indicando que não apenas o conteúdo escrito era importante, mas também a expressão facial da professora. Quanto mais envolvimento, entusiasmo e sentimentos positivos o professor tem em relação ao que ensina, maior o impacto positivo sobre a aprendizagem do aluno.

Em outro estudo, uma turma de 12 alunos do Ensino Médio teve seus cérebros monitorados.[15] Os alunos participaram de atividades de formatos diferentes, conduzidas pelo professor durante 11 dias em sequência. As atividades foram: leitura de um livro, estudo de vídeos e discussão em grupo. Os pesquisadores puderam registrar a sincronia cerebral entre pares de alunos, entre cada um e o grupo, e do grupo como um todo. Após o experimento, os alunos avaliavam com notas os diferentes estilos pedagógicos utilizados, e os resultados eram relacionados aos padrões de atividade neural. Como seria de esperar, os alunos preferiam assistir aos vídeos e participar das discussões em grupo, do que ouvir a leitura de um texto ou a aula expositiva tradicional. Foi verificada uma maior sincronia entre a atividade cerebral do grupo quando suscitaram maior interesse. Parece, então, óbvio concluir que atividades participativas têm mais eficácia pedagógica do que atividades passivas, e a razão pode ser o foco de atenção e o engajamento coletivo sobre um mesmo alvo ou objetivo. Mas não é tão simples assim, pois as interações sociais são complexas, dependentes de uma série de fatores como capacidades focais, traços de

---

[14] BROCKINGTON, G. et al. From the laboratory to the classroom: The potential of functional near-infrared spectroscopy in educational neuroscience. **Frontiers in Psychology**, 2018.

[15] DIKKER, S. et al. Brain-to-brain synchrony tracks real-world dynamic group interactions in the classroom. **Current Biology**, 2017, 27(9), 1375-1380. Disponível em: https://doi.org/10.1016/j.cub.2017.04.002. Acesso em: 17 jul. 2024.

personalidade de cada um, entre outros aspectos. Os cientistas sabem disso e fizeram mais: provocaram interações diretas (face a face) e indiretas (lado a lado) dos alunos, verificando que as primeiras produziam maior aumento da sincronia cerebral nas atividades didáticas que ocorreram depois: mais evidência de que as emoções, sensações e percepções geradas entre as pessoas é imprescindível para a aprendizagem.

Aprendizagem pelo autoconhecimento

O autoconhecimento está intimamente ligado à neuroplasticidade – a capacidade do cérebro de se reorganizar ao longo da vida em resposta a novas experiências e aprendizados. Práticas como meditação e *mindfulness* são comprovadamente eficazes na promoção da neuroplasticidade. Estudos mostram que a prática de meditação pode aumentar a densidade de massa cinzenta em áreas cerebrais relacionadas à aprendizagem e memória, regulação emocional e processamento autorreferencial.[16] A metacognição, ou a capacidade de pensar sobre o próprio pensamento, desempenha um papel fundamental na aprendizagem pelo autoconhecimento. Esse processo envolve a autorreflexão sobre as estratégias de aprendizagem, o reconhecimento das que são eficazes e a capacidade de ajustá-las conforme necessário. A metacognição possibilita aos alunos se tornarem aprendizes mais autônomos e eficazes, melhorando seu desempenho acadêmico, como apontam as evidências.[17] Os professores podem promover a metacognição em sala de aula de diversas maneiras.

1. Proporcionar múltiplas oportunidades para que os alunos pratiquem processos metacognitivos, tornando-os conscientes enquanto examinam suas experiências de aprendizagem. Esse processo pode ser integrado ao

---

[16] HÖLZEL, B. K. et al. Mindfulness practice leads to increases in regional brain gray matter density. **Psychiatry Research**, 2010, 191(1), 36-43. Disponível em: https://doi.org/10.1016/j.pscychresns.2010.08.006. Acesso em: 17 jul. 2024.

[17] FLAVELL, J. H. Metacognition and cognitive monitoring: new area of cognitive-developmental inquiry. **American Psychologist**, 1979, 34(10), 906-911.

conceito de **aprendizagens visíveis**[18], no qual os alunos são incentivados a refletir sobre suas estratégias de aprendizagem e a torná-las explícitas. Por exemplo, ao finalizar uma atividade, os alunos podem compartilhar, em grupo, as estratégias que utilizaram e discutir quais foram mais eficazes. Isso não só reforça a metacognição, mas também permite que os alunos vejam e compreendam diferentes abordagens, promovendo uma comunidade de aprendizagem colaborativa.

2. Explicar aos alunos por que estão aprendendo uma nova estratégia ou utilizando uma já praticada. Isso os ajuda a entender a **relevância** e a aplicabilidade dessas estratégias.[19]

3. Após uma atividade bem-sucedida, especialmente em uma área na qual anteriormente não tiveram sucesso, peça aos alunos que reflitam sobre o que fizeram de diferente e que registrem as **estratégias** utilizadas.[20]

A inteligência emocional é a habilidade de reconhecer, entender e gerenciar as próprias **emoções** e as emoções dos outros. Estudos mostram que a inteligência emocional está diretamente relacionada ao sucesso na aprendizagem, pois permite que os alunos lidem melhor com o estresse, se concentrem de maneira mais eficiente e mantenham relações interpessoais saudáveis. A inteligência emocional é fundamental para o autoconhecimento, pois envolve a consciência de si mesmo e a regulação emocional.[21] O *feedback* é um componente crucial no desenvolvimento do autoconhecimento. Ele pode ser interno, por meio da autorreflexão, ou externo, vindo de professores, colegas ou pais. O *feedback* ajuda os alunos a reconhecerem suas forças e áreas de melhoria, permitindo

---

[18] HATTIE, J.; TIMPERLEY, H. The power of feedback. **Review of Educational Research**, 2007, 77(1), 81-112. Disponível em: https://doi.org/10.3102/003465430298487. Acesso em: 17 jul. 2024.

[19] PARIS, S. G.; WINOGRAD, P. How metacognition can promote academic learning and instruction. In: JONES, B. F.; IDOL, L. (Eds.) **Dimensions of thinking and cognitive instruction**. Hillsdale: Erlbaum, 1990, p. 15-51.

[20] ZIMMERMAN, B. J. Becoming a self-regulated learner: an overview. **Theory into Practice**, 2010, 41(2), 64-70. Disponível em: https://doi.org/10.1207/s15430421tip4102_2. Acesso em: 17 jul. 2024.

[21] GOLEMAN, D. **Emotional intelligence**: why it can matter more than IQ. Bantam Books, 1995.

que ajustem suas estratégias de aprendizagem e comportamentos para alcançar melhores resultados.[22]

Por fim, destacamos pesquisas que mostram que intervenções baseadas na promoção da mentalidade de crescimento (*growth mindset*) estão associadas a uma melhor qualidade e aumento da resiliência, implicando maior desempenho dos alunos. Uma pesquisa investigou como esse tipo de mentalidade pode mitigar os efeitos negativos da pobreza no desempenho acadêmico. Utilizando uma amostra nacional de estudantes do Ensino Médio, no Chile, os pesquisadores descobriram que estudantes com mentalidade de crescimento apresentaram melhores resultados acadêmicos, mesmo em condições socioeconômicas adversas. Isso sugere que promover a mentalidade de crescimento pode ser uma estratégia eficaz para melhorar a equidade educacional.

Professores podem promover a mentalidade de crescimento de diferentes formas.

1. **Elogio do esforço:** focar em elogiar o esforço, a estratégia e a perseverança dos alunos, em vez de elogiar apenas a inteligência ou o talento inato (*fixed mindset* ou mentalidade fixa (Figura 3.3)).[23]
2. **Encorajamento de desafios:** incentivar os alunos a enfrentar desafios e a ver os erros como oportunidades de aprendizagem.[24]
3. **Maleabilidade do cérebro:** comunicar sobre as mudanças cerebrais e fases da vida, ajudando os alunos a entenderem que seu cérebro pode mudar e crescer com o esforço e a prática.[25]
4. **Estratégias metacognitivas:** incentivar os alunos a refletir sobre suas estratégias de aprendizagem e a ajustá-las conforme necessário.[26]

---

[22] HATTIE; TIMPERLEY, 2007.

[23] DWECK, C. S. **Mindset**: a nova psicologia do sucesso. Rio de Janeiro: Objetiva, 2017.

[24] YEAGER, D. S.; DWECK, C. S. Mindsets that promote resilience: when students believe that personal characteristics can be developed. **Educational Psychologist**, 2012, 47(4), 302-314. Disponível em: https://doi.org/10.1080/00461520.2012.722805. Acesso em: 17 jul. 2024.

[25] BLACKWELL, L. S.; TRZESNIEWSKI, K. H.; DWECK, C. S. Implicit theories of intelligence predict achievement across an adolescent transition: a longitudinal study and an intervention. **Society for Research in Child Development**, 2007, 78(1), 246-263. Disponível em: https://doi.org/10.1111/j.1467-8624.2007.00995.x. Acesso em: 12 jul. 2024.

[26] ZIMMERMAN, 2010.

Figura 3.3 Diferenças na abordagem entre mentalidade fixa e mentalidade de crescimento.

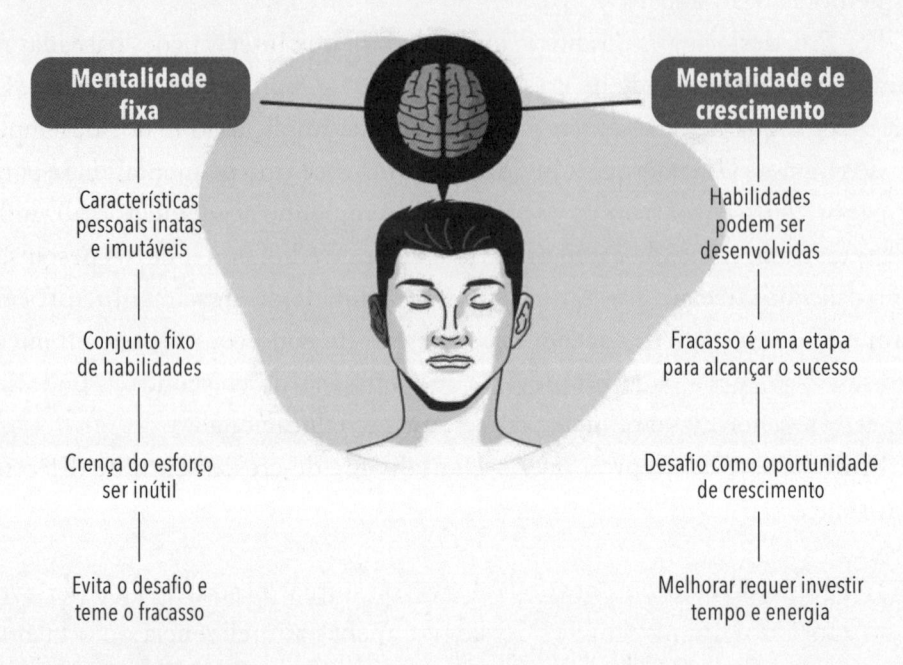

Mentalidade fixa
- Características pessoais inatas e imutáveis
- Conjunto fixo de habilidades
- Crença do esforço ser inútil
- Evita o desafio e teme o fracasso

Mentalidade de crescimento
- Habilidades podem ser desenvolvidas
- Fracasso é uma etapa para alcançar o sucesso
- Desafio como oportunidade de crescimento
- Melhorar requer investir tempo e energia

Fonte: elaborada pelos autores.

Carlos aprendeu, no início do curso, que as habilidades sociais e a capacidade de trabalhar colaborativamente eram essenciais. Ele implementou projetos colaborativos, em que os alunos trabalhavam em grupos para resolver problemas ou criar projetos. "O cérebro social é programado para interações sociais," explicou Carlos em uma reunião para professores. "A colaboração e a empatia ativam regiões do cérebro relacionadas ao entendimento e à cooperação." Ele passou a incentivar mais atividades que desenvolvessem essas habilidades, como debates, trabalhos em grupo e atividades de serviço comunitário.

Ele implementou programas de tutoria nos quais os alunos mais velhos ajudavam os mais novos em suas dificuldades acadêmicas, promovendo um senso de comunidade e responsabilidade. Organizou, também, feiras de ciências e artes, em que os alunos apresentavam seus projetos colaborativos, fortalecendo o espírito de equipe e a capacidade de trabalharem juntos para alcançar objetivos comuns.

Neurociência: conceito e aplicação no contexto escolar para resolver problemas

Carlos, então, passou a explicar aos professores a importância da neurociência na educação. Criou um grupo de estudos para debater mais o assunto entre os educadores. "Neurociência é o campo de estudo que investiga o sistema nervoso, incluindo o cérebro, e como ele influencia o comportamento e a aprendizagem," começou ele. "Com o avanço de tecnologias como a fMRI, podemos observar o cérebro em ação." Ele destacou como essas tecnologias permitem visualizar quais áreas do cérebro são ativadas durante diferentes atividades, como leitura, cálculos matemáticos ou aprendizado de novas tarefas. "Por exemplo," disse Carlos, "quando as crianças leem, áreas específicas do cérebro, como o giro fusiforme, são ativadas para reconhecer palavras." Carlos enfatizou a importância dessas descobertas para a educação. "Compreender como o cérebro aprende nos permite desenvolver métodos de ensino mais eficazes e adaptar nossas práticas para atender melhor às necessidades dos alunos." Ele explicou que a neurociência nos ajuda a entender a plasticidade cerebral, a capacidade do cérebro de se reorganizar e formar novas conexões ao longo da vida. "Isso significa," disse Carlos, "que nunca é tarde para aprender. Nossos cérebros estão constantemente se adaptando e mudando em resposta a novas experiências."

Relação escola e família: o caso do pai preocupado com o desfralde da filha

Na quarta aula, Carlos já estava confiante para compartilhar com os colegas como o conhecimento da neurociência já estava mudando sua prática profissional. Quando uma professora falava sobre a importância de informar a família sobre os achados recentes da neurociência, Carlos pediu licença para compartilhar uma história. Mas antes de falar sobre as mudanças que implementou nos anos finais do Ensino Fundamental, ele destacou uma história intrigante ocorrida na Educação Infantil.

Um pai tinha ido até a escola extremamente preocupado porque sua filha, Clara, de três anos, ainda não tinha desfraldado. A professora explicou que Clara não se comunicava adequadamente e não avisava quando precisava usar o banheiro. Esse comportamento também era observado pelo pai, em casa. Determinado a ajudar sua filha, o pai procurou um especialista e realizou uma avaliação dos marcos do desenvolvimento infantil. Os resultados mostraram que Clara tinha um desempenho muito inferior na área de comunicação expressiva. Com o resultado em mãos, o pai voltou à escola e pediu ajuda para criar uma intervenção focada no desenvolvimento da linguagem expressiva e estimular canções com rimas, por exemplo, que propiciam o desenvolvimento da consciência fonológica. Na época, a coordenadora Adriana ficou surpresa com aquela situação. Na verdade, ela desconhecia aquele termo utilizado pelo pai. "Recebi uma mensagem de Whatsapp: 'Carlinhos, por favor, vem me socorrer!', disse rindo. "Desci as escadas e entrei na sala da Dri, e lá estava o pai da menina Clara. Ele era alto, usava óculos grandes e se vestia como um menino que ia passear no parque: bermuda, papete e camiseta azul-clara", continuou. "Ele também compartilhou o difícil contexto pelo qual a família estava passando: um divórcio litigioso, a mudança abrupta do lar de Clara e os mais de 100 dias em que ele ficou sem ver a filha. A escola, então, entendeu o complexo contexto em que Clara estava inserida e, claro, como aquela situação poderia impactar no desenvolvimento da criança", ele disse.

A escola comunicou a mãe sobre o problema identificado, mas a mãe não reconheceu a situação e culpou a escola por ver problemas que, segundo ela, não existiam. "Nesse momento, eu fui chamado de novo para intervir. Expliquei à mãe sobre a importância da parceria entre a escola e a família. Destaquei que o desenvolvimento infantil pode ser profundamente afetado por mudanças no ambiente e situações de estresse, como o divórcio dos pais", enfatizei. "Precisamos entender que a comunicação da Clara é essencial para seu desenvolvimento em todas as áreas," disse Carlos. "Quando uma criança não desenvolve habilidades básicas de comunicação, isso pode afetar sua capacidade de aprender outras coisas, incluindo o desfralde."

A professora de Carlos no curso de "Neurociências Aplicadas à Educação", percebendo a dedicação e o impacto positivo de suas ações, deu-lhe um toque importante: "Carlos, para maximizar os benefícios e garantir que todos os alunos recebam o suporte adequado, a escola poderia considerar a realização de uma sondagem ou avaliação das habilidades cognitivas de todas as crianças da turma. Essa avaliação ajudaria a identificar outras necessidades que talvez não sejam tão evidentes e permitiria intervenções mais direcionadas." Carlos refletiu sobre essa sugestão e concordou com a importância de uma avaliação mais abrangente. "Uma avaliação das habilidades cognitivas ajudaria não só a Clara, mas também outras crianças que podem estar enfrentando dificuldades silenciosas," pensou ele.

A professora continuou: "Carlos, o neuropsicopedagogo desempenha um papel fundamental nesse processo. Esse profissional é especializado em entender como as funções cognitivas afetam a aprendizagem e o comportamento das crianças. Ele pode aplicar testes e instrumentos para avaliar aspectos como atenção, memória, linguagem, funções executivas e habilidades motoras." Carlos ficou animado com a perspectiva. Ele sabia que o neuropsicopedagogo poderia fornecer *insights* valiosos sobre as dificuldades de aprendizagem e desenvolver planos de intervenção personalizados. Esses planos poderiam incluir estratégias específicas para melhorar as habilidades cognitivas das crianças, como jogos que estimulam a memória, atividades que desenvolvem a atenção e exercícios que fortalecem as habilidades motoras finas.

"Além disso," continuou a professora, "o neuropsicopedagogo pode colaborar com os professores e a família para criar um ambiente de aprendizagem que apoie o desenvolvimento integral da criança. Ele pode fornecer orientações sobre como adaptar o currículo e as metodologias de ensino para atender às necessidades específicas de cada aluno."

Carlos sabia que implementar essa avaliação seria um passo significativo para melhorar a qualidade da educação em sua escola. Ele se comprometeu a discutir essa ideia com a coordenadora Adriana e a equipe pedagógica, destacando os benefícios de uma abordagem baseada em evidências para promover o desenvolvimento cognitivo e educacional das crianças.

Então, sabiamente, a professora aproveitou a oportunidade e pediu ajuda aos demais colegas da turma para elaborarem juntos um plano de intervenção baseado nas quatro aprendizagens abordadas durante o estudo da disciplina. Veja, a seguir, o resultado das discussões entre os alunos.

Intervenção baseada nas quatro aprendizagens

1. **Aprendizagem por curiosidade e relevância**
   Foram sugeridas atividades que despertassem a curiosidade de Clara, utilizando jogos e livros interativos que incentivassem a exploração e a descoberta, tais como a literatura de Vânia Lange, *O que tem dentro de sua fralda?* Trata-se de um livro que desperta a curiosidade para descobrir o que há na fralda de cada animal e quem conseguiu manter sua fralda seca. "Quando as crianças estão curiosas, elas estão mais motivadas a aprender."

2. **Aprendizagem pela teoria e prática**
   Os alunos do curso recomendaram a prática constante de habilidades de comunicação, como a repetição de palavras e frases simples, além de criar estratégias de situações comunicativas. "A prática ajuda a fortalecer as conexões neuronais," disse a professora. "Vamos trabalhar com Clara em atividades que envolvam a nomeação de objetos, a repetição de palavras e a construção de frases."

3. **Aprendizagem pelas interações sociais**
   A turma de Carlos enfatizou a importância de um ambiente emocionalmente seguro e acolhedor para Clara. Carlos solicitou ao professor responsável que reorganizasse o mobiliário da sala e priorizou o contato social e a comunicação entre Clara e seus coleguinhas de turma.

4. **Aprendizagem pelo autoconhecimento**
   Finalmente, a turma propôs atividades que envolvessem Clara em interações sociais positivas. "A colaboração e a empatia são fundamentais," disse a professora. "Vamos organizar brincadeiras em grupo e atividades que incentivem Clara a se comunicar com os colegas."

A Importância da parceria escola-família

Carlos concluiu sua participação durante a aula destacando a importância da parceria entre a escola e a família e reproduzindo o que disse aos pais de Clara. "Os pais e a escola precisam trabalhar juntos como parceiros, não como inimigos," disse. "A colaboração é essencial para apoiar o desenvolvimento de Clara. Reconhecer os desafios que ela enfrenta e trabalhar juntos em um plano de intervenção é o melhor caminho para ajudá-la a superar essas dificuldades", concluiu.

Resumo Executivo

- A curiosidade é um poderoso motivador para o aprendizado. Estudos mostram que a curiosidade ativa áreas do cérebro relacionadas ao sistema de recompensa, como o corpo estriado, aumentando o prazer e a eficiência do aprendizado. Atividades que despertam a curiosidade, como projetos investigativos e perguntas instigantes, podem melhorar o engajamento e a retenção de informações.

- Combinar teoria e prática é essencial para um aprendizado eficaz. A prática ativa múltiplas áreas do cérebro, reforçando as conexões neurais. Por exemplo, a prática repetida de tarefas motoras e cognitivas aumenta a densidade sináptica, fortalecendo a memória e as habilidades motoras. Aplicar conceitos teóricos em atividades práticas, como experimentos científicos e resolução de problemas, consolida o aprendizado.

(continua)

- A interação social é fundamental para o desenvolvimento socioemocional e acadêmico. Estudos mostram que a sincronia fisiológica entre estudantes durante atividades colaborativas aumenta o engajamento e a eficácia do aprendizado. Atividades que promovem a cooperação, como trabalhos em grupo e discussões, desenvolvem habilidades sociais e melhoram o desempenho acadêmico.

- Práticas de autoconhecimento, como a meditação e a metacognição, promovem a neuroplasticidade e melhoram a aprendizagem. A meditação pode aumentar a densidade de massa cinzenta em áreas cerebrais relacionadas à regulação emocional e memória. A metacognição possibilita aos alunos refletirem sobre suas estratégias de aprendizagem, ajustando-as para melhorar o desempenho.

Autorregulagem da aprendizagem

A curiosidade dos alunos ativa regiões específicas do cérebro, como o _____, que está relacionado ao sistema de recompensa.

Carlos observou que, ao combinar teoria e prática, os alunos ativavam múltiplas áreas do cérebro, incluindo o _____ e o _____.

Em atividades de interação social, como discussões em grupo, a _____ fisiológica entre os alunos foi medida utilizando _____. Resultados mostraram que a sincronia fisiológica está associada a um maior engajamento e desempenho acadêmico.

(continua)

Práticas de autoconhecimento, como meditação e *mindfulness*, demonstraram aumentar a densidade de massa cinzenta no _____ e no _____. Essas áreas são cruciais para a regulação emocional e a memória.

Carlos utilizou técnicas da neurociência para criar um ambiente de aprendizagem mais eficaz. Ele explicou aos professores que o uso de _____ e _____ pode aumentar a ativação do _____, melhorando a retenção de informações e a motivação dos alunos.

CAPÍTULO 4

RASTREIO DOS PROCESSOS COGNITIVOS NA ESCOLA

- Por que é importante identificar precocemente as habilidades cognitivas nas crianças?

- Como a neuropsicopedagogia pode transformar a prática educacional e melhorar o desempenho dos alunos?

- Quais são os benefícios de utilizar a Plataforma Educacional Neurons no rastreamento das habilidades cognitivas?

- De que maneira o modelo de Intervenção em Três Níveis (RTI) pode ajudar a prevenir dificuldades de aprendizagem?

- Como o rastreio cognitivo pode impactar o desenvolvimento das funções executivas das crianças?

A Neuropsicopedagogia é uma ciência que contribuiu para ressignificar a educação e, portanto, não pode se direcionar para outro contexto que não seja a escola. É nela que permanece a matéria-prima da sociedade. É preciso todo cuidado e investimento aos atores que estão nela, principalmente os alunos que necessitam de olhares diferenciados por conta das suas necessidades.

SANDRO ALBINO ALBANO

Carlos ficou profundamente sensibilizado com a história de Clara. Ao ver o desespero do pai e a dificuldade da menina, ele percebeu que algo precisava ser feito para ajudar não apenas Clara, mas todas as crianças da escola. Decidido a agir, Carlos compartilhou a história com a diretora da escola, Dona Armênia. Conhecida por ser um pouco resistente a gastar mais recursos contratando novos profissionais, a gestora ouviu atentamente enquanto Carlos explicava a situação.

"Dona Armênia," começou Carlos, "um pai dedicado precisou vir até a escola para nos mostrar um problema que nós mesmos poderíamos ter detectado. Clara não está sozinha; muitas outras crianças podem estar enfrentando dificuldades semelhantes sem que tenhamos consciência disso."

Dona Armênia refletiu sobre as palavras de Carlos. Ela sabia que os recursos eram limitados, mas também compreendia a importância de oferecer um suporte adequado às crianças. Carlos continuou utilizando argumentos sólidos e bem fundamentados para convencer a diretora.

"A neuropsicopedagogia," explicou Carlos, "é uma ciência que nos permite compreender melhor os processos cognitivos das crianças. Com a ajuda desse profissional, podemos realizar avaliações detalhadas das habilidades e dos processos cognitivos dos alunos. Isso nos permitirá identificar dificuldades de maneira precoce e intervir de modo eficaz." Carlos apresentou dados e exemplos para reforçar seu argumento. Ele falou sobre como a neuropsicopedagogia poderia ajudar a identificar crianças com situações de risco à aprendizagem, permitindo intervenções mais direcionadas e eficazes. "Além disso," continuou Carlos, "um ambiente de aprendizagem que valoriza profissionais especializados não só ajuda as crianças com dificuldades, mas também potencializa o aprendizado de todos os alunos. Estudos mostram que intervenções baseadas na neurociência melhoram significativamente o desempenho acadêmico e o bem-estar emocional dos estudantes."

Dona Armênia, tocada pela paixão e pela lógica dos argumentos de Carlos, começou a reconsiderar sua posição. "Carlos, seus argumentos são sólidos e você está certo," disse ela. "Devemos fazer o possível para oferecer o melhor suporte às nossas crianças."

Da neurociência à neuropsicopedagogia

O final do século XX e o início do século XXI marcaram um período significativo de avanços na neurociência, graças ao aumento dos investimentos por países interessados em aprofundar o entendimento do cérebro humano. Esse período, frequentemente referido como a "Década do Cérebro", foi fundamental para futuramente estabelecer as bases da neurociência educacional e da neuropsicopedagogia.

Em 1990, o Presidente dos Estados Unidos, George W. Bush, proclamou a década de 1990 como a "Década do Cérebro". Esse anúncio foi uma resposta aos apelos de cientistas e educadores que reconheciam a necessidade de um esforço concentrado e financiado para explorar as complexidades do cérebro humano. A iniciativa tinha como objetivo aumentar o financiamento público e privado para a pesquisa neurológica, promovendo uma maior compreensão dos mecanismos subjacentes às funções cerebrais e às desordens neurológicas. O conhecimento gerado por esses investimentos massivos teve um impacto direto na aprendizagem, abrindo espaço para que áreas como a da saúde e a da educação investissem e interagissem mutuamente.

As descobertas sobre como o cérebro processa a informação, como as emoções afetam a aprendizagem, e como os circuitos neurais são formados e modificados têm sido fundamentais para desenvolver métodos de ensino que são neurologicamente informados. Essas pesquisas ajudaram a identificar estratégias pedagógicas que podem ser particularmente eficazes, baseadas em como o cérebro humano naturalmente cresce e aprende. Vejamos agora um rápido histórico para que fique esclarecida a importância das escolhas feitas pelos governos e como elas podem impactar décadas depois.

Em 1995, a Dana Foundation, uma organização filantrópica privada dedicada ao avanço da compreensão do cérebro, iniciou um processo de divulgação intensiva sobre neurociências. O objetivo era fazer com que mais profissionais conhecessem o funcionamento do sistema nervoso, as pesquisas recentes da área e, assim, combater os estigmas relacionados às pessoas com desordens cerebrais. Esse movimento se perpetua até os dias atuais por meio da Semana do Cérebro, realizada todo mês de março, quando palestras abertas ao público acontecem em diversas universidades.

A partir de 2004, a *International Mind, Brain and Education Society* (IMBES) começou a focar na divulgação da Neurociência e Educação. Em 2006, a pesquisadora Jennifer Delgado Suarez publica na revista REPES (Panamá) o artigo: *"Desmitificación de la neuropsicopedagogía*[1], no qual destaca a importância de os pedagogos agregarem em sua práxis os conhecimentos da neurociência para que, dessa forma, o ensino fosse mais personalizado. Para a época, o texto do artigo focava em estudos de neurociência, psicologia e pedagogia – aguçando a curiosidade dos professores sobre a interação entre essas áreas.

A Organização para a Cooperação e Desenvolvimento Econômico (OCDE), enfatizou a importância dos conhecimentos da ciência cognitiva para a educação. Visando ampliar a disseminação desses achados relacionados às ciências cognitivas, comportamentais e educacionais aliados aos conhecimentos das neurociências, a OCDE publicou dois livros, disponíveis em diferentes idiomas: *Understanding the brain: towards a new learning science* (Compreendendo o cérebro: rumo a uma nova ciência da aprendizagem)[2] e *Understanding the brain: the birth of a learning Science* (Compreendendo o cérebro: o nascimento de uma ciência da aprendizagem).[3] As obras enfatizam a importância de que esses conhecimentos sejam integrados durante a formação acadêmica dos professores.

Nessa perspectiva, o campo de *Mind, Brain, and Education* (MBE), também conhecido como neuroeducação ou neurociência educacional, teve avanços

---

[1] SUÁREZ, J. D. Desmitificación de la neuropsicopedagogía. **Revista Electrónica de Educación y Psicología**, 2006, 2(4), 1-17. Disponível em: https://www.docsity.com/es/desmitificacion-de-la-neuropsicopedagogia/5595027/. Acesso em: 22 jul. 2024.

[2] OCDE. **Understanding the brain**: towards a new learning science. Paris: OCDE, 2002. Disponível em: https://doi.org/10.1787/9789264174986-en. Acesso em: 22 jul. 2024.

[3] OCDE. **Understanding the brain**: the birth of a learning science. Paris: OCDE, 2007. Disponível em: https://doi.org/10.1787/9789264029132-en. Acesso em: 22 jul. 2024.

significativos ao estudar como a educação altera o cérebro e como intervenções são importantes para melhorar a aprendizagem.[4] Nesse campo, destaca-se a pesquisadora Tracey Tokuhama-Espinosa.[5] Em suas pesquisas, são assinalados seis princípios que norteiam a aprendizagem humana, independentemente da idade ou da cultura.

Tabela 4.1 Princípios de aprendizagem, adaptados de Tokuhama-Espinosa.

Princípio	Descrição (Tokuhama-Espinosa, 2017)
Singularidade	Cada cérebro é único; não existem dois cérebros idênticos. Isso implica que cada aluno tem um modo particular de processar informações e responder ao ensino.
Potenciais Diferentes	As pessoas aprendem de maneiras diferentes, influenciadas por fatores como, contexto de aprendizagem, experiências anteriores, biologia, genética e exposições ambientais.
Experiências Anteriores	O aprendizado de cada indivíduo é profundamente influenciado por suas experiências passadas, que moldam as bases de conhecimento e as perspectivas futuras.
Mudanças Constantes	O cérebro está em constante mudança, adaptando-se e reagindo às novas experiências adquiridas por meio do aprendizado contínuo.
Neuroplasticidade	O cérebro possui a capacidade de se reorganizar estruturalmente em resposta a experiências de aprendizagem, o que permite desenvolvimento e adaptação contínuos.
Sistemas de Memória e Atenção	Aprender envolve múltiplos processos cognitivos, muitos dos quais são subconscientes. Estes incluem variados sistemas de memória e mecanismos de atenção.

---

[4] ANSARI, D. et al. Developmental cognitive neuroscience: implications for teachers' pedagogical knowledge. **Pedagogical Knowledge and the Changing Nature of the Teaching Profession**. França: OCDE, 2017.

[5] TOKUHAMA-ESPINOSA, T. N. **International Delphi panel on mind brain, and education science**. Quito, 2017. Disponível em: https://doi.org/10.13140/RG.2.2.14259.22560. Acesso em: 22 jul. 2024.

Além disso, O MBE[6] elenca 21 princípios da aprendizagem, contudo, podem ter variabilidade humana.

Tabela 4.2 Os 21 princípios de aprendizagem, adaptados do MBE.

Número	Princípio	Descrição	Exemplo prático para educadores dos anos iniciais
1	Motivação	Influencia diretamente na aprendizagem, afetando o engajamento e a persistência do aluno.	Trabalhar com a curiosidade. Usar exemplos do dia a dia, que sejam percebidos como relevantes. Utilizar recompensas simbólicas e jogos educativos com regras simples.
2	Emoção e cognição	Ambas são mutuamente influentes; o estado emocional pode potencializar ou dificultar processos cognitivos.	Iniciar a aula com uma atividade relaxante, como ouvir uma história calma, preparando os alunos emocionalmente para a aprendizagem.
3	Estresse	Afeta negativamente a capacidade de aprendizagem, interferindo na concentração e na retenção de informações.	Criar um ambiente de sala de aula acolhedor e seguro, minimizando pressões e estresse durante as atividades de leitura.
4	Ansiedade	Impacta a aprendizagem ao criar barreiras psicológicas que impedem o aprendizado eficaz.	Promover atividades em grupo que enfatizem o suporte entre pares para reduzir a ansiedade durante apresentações em classe.

---

[6] TOKUHAMA-ESPINOSA, T. **The new science of teaching and learning**: using the best of mind, brain, and education science in the classroom. [s.l.]: Teachers College Press, 2010.

Número	Princípio	Descrição	Exemplo prático para educadores dos anos iniciais
5	Depressão	Influencia na aprendizagem ao reduzir a motivação e a energia necessária para o processo educativo.	Estar atento a sinais de depressão em alunos e trabalhar junto com os pais e conselheiros para oferecer o apoio necessário.
6	Desafio e ameaça	A percepção de desafio ou ameaça pode motivar ou inibir a aprendizagem, dependendo de como é interpretada pelo aluno.	Encorajar os alunos a verem desafios como oportunidades de crescimento e não como ameaças, por meio de encorajamento constante.
7	Expressões faciais	As reações a expressões faciais são universais e podem influenciar o ambiente de aprendizagem e a comunicação.	Usar expressões faciais positivas e abertas para criar um ambiente mais receptivo e encorajador na sala de aula.
8	Vozes humanas	O cérebro interpreta vozes quase instantaneamente, influenciando a recepção de informações verbais.	Usar variações de tom e inflexão de voz para manter os alunos engajados e interessados durante a explicação de novos conceitos.
9	Interações sociais	Têm um papel significativo no aprendizado, promovendo o desenvolvimento de habilidades sociais e cognitivas.	Organizar atividades que requerem trabalho em equipe e comunicação, como projetos científicos em grupo ou jogos cooperativos.
10	Atenção	Fundamental para o aprendizado; sem atenção, a absorção de novas informações fica comprometida.	Utilizar técnicas como chamada de atenção ('olhos em mim') antes de iniciar explicações importantes para garantir que todos os alunos fiquem focados.

Número	Princípio	Descrição	Exemplo prático para educadores dos anos iniciais
11	Aprendizagem cíclica	A aprendizagem geralmente ocorre em ciclos, envolvendo revisão e reforço contínuos.	Revisitar conceitos chave regularmente, por meio de *quizzes* rápidos ou jogos de revisão para reforçar a aprendizagem.
12	Consciente e inconsciente	A aprendizagem envolve tanto aspectos conscientes quanto inconscientes.	Incluir atividades que possibilitem aos alunos refletirem sobre o que aprenderam e como isso se aplica à sua vida diária.
13	Desenvolvimento e experiência	Todos os aspectos da aprendizagem são moldados por experiências de vida e desenvolvimento pessoal.	Adaptar as atividades de ensino para se alinhar com as fases de desenvolvimento dos alunos, como usar jogos físicos para alunos mais jovens.
14	Corpo e cérebro	O estado físico e a saúde do corpo têm um impacto direto na capacidade de aprendizagem.	Incorporar atividades físicas leves como parte do dia escolar para melhorar a concentração e o desempenho cognitivo.
15	Sono e sonho	Ambos influenciam a consolidação da memória e a aprendizagem.	Discutir com os pais a importância do sono adequado e estabelecer uma rotina diária, que permita aos alunos ter tempo suficiente para descansar.
16	Nutrição	Uma alimentação adequada é fundamental para manter o cérebro funcionando eficientemente.	Promover uma alimentação saudável na escola e discutir com os alunos como a alimentação afeta o aprendizado.

Número	Princípio	Descrição	Exemplo prático para educadores dos anos iniciais
17	Atividade física	Exerce um papel importante na melhora da cognição e na manutenção da saúde cerebral.	Incluir intervalos de atividades físicas entre as aulas para melhorar a atenção e o bem-estar geral dos alunos.
18	Use ou perca	Manter o cérebro ativo é essencial para evitar o declínio cognitivo.	Encorajar os alunos a participarem de jogos de raciocínio e desafios de lógica para manter suas mentes ativas.
19	*Feedback*	Fundamental para o processo de aprendizagem, pois ajuda a ajustar e melhorar as técnicas e estratégias de estudo.	Fornecer *feedback* imediato e construtivo após tarefas e testes para ajudar os alunos a entenderem melhor o material.
20	Informações relevantes e significativas	A relevância e significância do conteúdo facilitam a recuperação da informação.	Relacionar o conteúdo do currículo com a vida real dos alunos para aumentar a relevância e a retenção do material aprendido.
21	Novidades e padrões	Os cérebros são atraídos por novidades e, instintivamente, buscam padrões para facilitar a aprendizagem e o entendimento.	Introduzir elementos novos e surpreendentes nas aulas para capturar a atenção dos alunos e facilitar o reconhecimento de padrões.

No Brasil, o Projeto NeuroEduca[7] foi um dos primeiros a vincular as pesquisas da neurociência às práticas pedagógicas. Iniciado em 1994 e coordenado

---

[7] GUERRA, L. B. (Coord.) **Projeto NeuroEduca**. Minas Gerais: UFMG, 2004. Disponível em: https://www2.icb.ufmg.br/neuroeduca/. Acesso em: 22 jul. 2024.

pela pesquisadora Leonor Bezerra Guerra, o projeto tem contribuído de maneira significativa na divulgação e formação de professores sobre a relação da neurociência com a aprendizagem. Em 2009, uma nova área emerge no universo da educação, contribuindo para que os profissionais da educação não só tenham formações relacionadas ao sistema nervoso e aprendizagem, mas sim, uma nova profissão que avalia e realiza uma intervenção nos processos de aprendizagem. Dessa forma, a neuropsicopedagogia emergiu para suprir uma lacuna existente no ambiente escolar: melhorar os índices de aprendizagem dos estudantes por meio de uma educação baseada em evidências e estratégias eficazes para a aprendizagem.

Desde o início, a neuropsicopedagogia tem se expandido significativamente, alcançando marcos importantes, como a obtenção de dois Códigos Brasileiros de Ocupação (CBOs): um para neuropsicopedagogia institucional e outro para a clínica. Isso fez dos neuropsicopedagogos os primeiros profissionais da educação a conquistar um CBO na área clínica. A Sociedade Brasileira de Neuropsicopedagogia (SBNPp) é a entidade que orienta o desenvolvimento dessa ciência. De acordo com o artigo 10 do seu código de ética, a SBNPp define a neuropsicopedagogia como:

> [...] *uma ciência transdisciplinar, fundamentada nos conhecimentos das Neurociências aplicados à educação, com interfaces da Pedagogia e Psicologia Cognitiva, que tem como objeto formal de estudo a relação entre o funcionamento do sistema nervoso e a aprendizagem humana numa perspectiva de reintegração pessoal, social e educacional.*[8]

Assim, a neuropsicopedagogia se destaca como uma ciência transdisciplinar, que se propõe a analisar o que há entre as ciências e além delas que a edificam, visando promover o desenvolvimento dos indivíduos. Os neuropsicopedagogos podem se especializar tanto no âmbito de atendimento clínico (com atendimentos individualizados) como institucional (com atendimentos coletivos). Ambas as formações capacitam os profissionais para avaliar e

---

[8] SOCIEDADE BRASILEIRA DE NEUROPSICOPEDAGOGIA (SBNPp). **Resolução n. 05/2021. Código de Ética Técnico-Profissional da Neuropsicopedagogia**. Joinville, 2021. Disponível em: https://sbnpp.org.br/arquivos/Codigo_de_Etica_Tecnico_Profisisonal_da_Neuropsicopedagogia_-_SBNPp_-_2021.pdf. Acesso em: 22 jul. 2024.

intervir nos processos cognitivos da aprendizagem, indo além do simples entendimento das noções básicas da neurociência, pois abrangem avaliação e intervenção em funções executivas, atenção, linguagem, raciocínio lógico matemático e desenvolvimento motor, sendo que no âmbito institucional as questões sociais são também levadas em consideração (Figura 4.1). É de suma importância que as instituições e profissionais da educação conheçam mais sobre os processos cognitivos que implicam a aprendizagem pois, dessa maneira, há possibilidade de reavaliar suas abordagens pedagógicas, proporcionando novos estímulos e desenvolvendo novos modos de aprender e ensinar.[9]

Figura 4.1 Neuropsicopedagogia e seus campos de atuação.

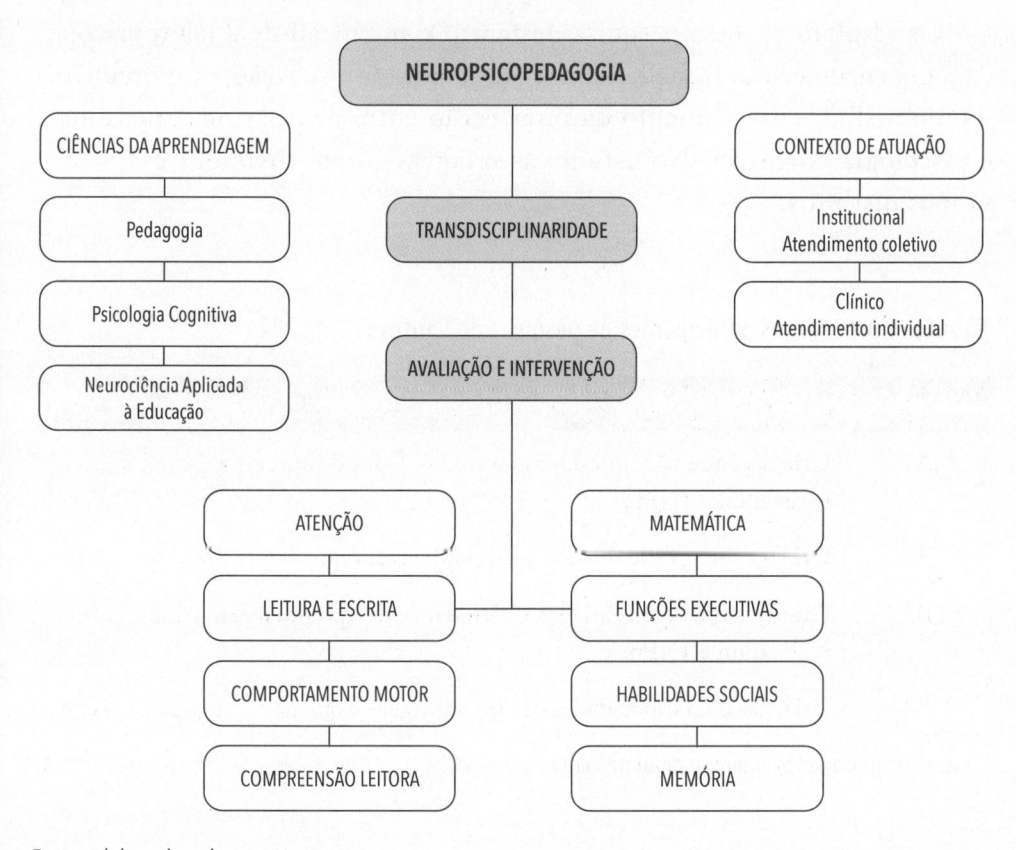

```
                        NEUROPSICOPEDAGOGIA
                                │
   CIÊNCIAS DA APRENDIZAGEM     │     CONTEXTO DE ATUAÇÃO
            │                   │              │
        Pedagogia        TRANSDISCIPLINARIDADE    Institucional
                                │             Atendimento coletivo
     Psicologia Cognitiva       │                 Clínico
                                │           Atendimento individual
   Neurociência Aplicada   AVALIAÇÃO E INTERVENÇÃO
       à Educação                │
                                │
              ATENÇÃO          MATEMÁTICA
        LEITURA E ESCRITA   FUNÇÕES EXECUTIVAS
       COMPORTAMENTO MOTOR  HABILIDADES SOCIAIS
       COMPREENSÃO LEITORA      MEMÓRIA
```

Fonte: elaborada pelos autores.

---

[9] FÜLLE, A. et al. Neuropsicopedagogia: ciência da aprendizagem. **Neuropsicopedagogia Institucional**. Curitiba: Juruá, 2018.

No Brasil, observa-se um aumento significativo do número de crianças com dificuldades de aprendizagem, conforme evidenciado pelos resultados dos exames nacionais. Acreditamos que essa tendência poderia ser alterada com a implementação de práticas neuropsicopedagógicas nas escolas. A identificação precoce dos processos cognitivos que afetam a aprendizagem e a subsequente elaboração de um plano de intervenção aumenta significativamente as chances de melhoria e de alcançar resultados satisfatórios. Por exemplo, Cardoso et al.[10] conduziram um estudo com 4.184 crianças de 6 a 8 anos para avaliar os efeitos da Intervenção Neuropsicopedagógica (INPp) no desempenho acadêmico de alunos com dificuldades de aprendizagem e investigar uma possível correlação entre desempenho escolar e variáveis como gênero, nível socioeconômico e escolaridade dos pais.

Os resultados dessa pesquisa destacam o potencial de a neuropsicopedagogia enriquecer o trabalho dos profissionais da educação, proporcionando um melhor entendimento da intersecção entre neurociência, pedagogia e psicologia cognitiva. No estudo, as crianças foram divididas em quatro grupos distintos.

Tabela 4.3 Crianças participantes na pesquisa de Cardoso et al., 2021.

GRUPOS	DESCRIÇÃO
A1	Crianças que não apresentaram dificuldades de aprendizagem e que realizaram a INPp.
A2	Crianças sem dificuldades de aprendizagem que não realizaram a INPp.
B1	Crianças que apresentaram dificuldades de aprendizagem e que realizaram a INPp.
B2	Crianças com dificuldades de aprendizagem e que não realizaram a INPp.

Fonte: Organizada pelos autores a partir de Cardoso et al., 2021.

---

[10] CARDOSO, F. B. et al. The effects of neuropsychopedagogical intervention on children with learning difficulties. **American Journal of Educational Research**, 2021, 9(11), 673-577. Disponível em: https://pubs.sciepub.com/education/9/11/3/. Acesso em: 22 jul. 2024.

As crianças envolvidas no estudo passaram por um processo de avaliação seguido de INPp, que incluiu práticas lúdicas ao longo de 18 sessões, cada uma com duração de 45 minutos, totalizando dois meses. Os resultados revelaram que as crianças dos grupos A1 e B1, submetidas à intervenção, mostraram melhorias significativas em seus sistemas atencionais, de memória e nas funções executivas. Essas melhorias tiveram um impacto positivo no desempenho acadêmico. Fatores como gênero, nível socioeconômico e escolaridade dos pais mostraram ter uma influência mínima sobre as dificuldades de aprendizagem das crianças.

Um achado importante desse estudo é a melhoria nas funções executivas das crianças. Pesquisas focadas no aprendizado de leitura, escrita e matemática destacam a importância das funções executivas.[11] Durante o processo de aquisição de novos conhecimentos, a autorregulação e, especificamente, as funções executivas desempenham um papel crucial.[12]

A educação tradicional tem, frequentemente, se concentrado na transmissão de conteúdos específicos. No entanto, pesquisas em neurociência e psicologia cognitiva indicam que a aprendizagem eficaz depende significativamente dos processos cognitivos subjacentes, mais do que apenas do conteúdo curricular. Como já destacado neste livro, habilidades como atenção, memória, linguagem e funções executivas são essenciais para o aprendizado e o sucesso acadêmico.

A American Academy of Pediatrics (AAP) recomenda a vigilância e a triagem do desenvolvimento para identificar crianças com atrasos ou deficiências de desenvolvimento o mais cedo possível. Isso envolve a utilização de ferramentas de triagem em idades específicas e quando a vigilância revela preocupações, permitindo intervenções em momentos críticos do desenvolvimento infantil.[13]

---

[11] CORSO, H. V. et al. Metacognição e funções executivas: relações entre os conceitos e implicações para a aprendizagem. **Psicologia: Teoria e Pesquisa**, 2013, 29(1), 21-29.

[12] SEABRA, A. et al. Autorregulação e literacia: evidências a partir de revisão da literatura. In: BRASIL. Ministério da Educação, **Relatório Nacional de Alfabetização Baseada em Evidências – RENABE** 2020, pp. 145-162. Brasília: MEC/SEALF.

[13] ZUBLER, J. M. et al. Evidence-informed milestones for developmental surveillance tools. **Pediatrics**, 2022, 149(3).

Uma abordagem educacional que prioriza a avaliação e o desenvolvimento das habilidades cognitivas pode proporcionar um entendimento mais profundo das dificuldades de aprendizagem dos alunos. Por exemplo, atenção sustentada é vital para que os alunos possam focar nas tarefas, enquanto a memória de trabalho permite que manipulem e utilizem informações em tempo real. A linguagem é a base para a compreensão e expressão de ideias, e as funções executivas ajudam na organização, planejamento e execução de tarefas complexas.[14]

Ao rastrear e avaliar processos cognitivos, os educadores podem identificar áreas que necessitam de intervenção precoce, permitindo um suporte personalizado e eficaz. Quando o foco está apenas no conteúdo, muitas dificuldades de aprendizagem passam despercebidas até que se tornem problemas significativos. Sem uma avaliação adequada dos processos cognitivos, pode ser difícil identificar a raiz das dificuldades de um aluno. Por exemplo, um aluno com dificuldades em matemática pode ter problemas de memória de trabalho ou controle inibitório como causa subjacente.

O que é rastreio de habilidades cognitivas?

O processo de rastrear pode ser definido como a atividade de acompanhar ou perseguir pistas de algo ou alguém, geralmente realizado por meio de investigação, utilizando programas ou mecanismos específicos. Envolve a análise minuciosa de dados e informações com o propósito de investigar um objeto de interesse, como uma pessoa, objeto ou fenômeno, buscando compreender seu movimento, comportamento ou localização. Esse processo pode ser utilizado em uma variedade de contextos, incluindo investigações criminais, monitoramento de ativos, rastreamento de dados e muito mais. O rastreamento de habilidades cognitivas refere-se a um processo sistemático de avaliação das habilidades funcionais de indivíduos, especialmente crianças, para identificar precocemente possíveis atrasos ou deficiências no desenvolvimento cognitivo. Esse processo

---

[14] LIPKIN, P. H. et al. Promoting optimal development: identifying infants and young children with developmental disorders through developmental surveillance and screening. **Pediatrics**, 2020, 145(1).

envolve a utilização de ferramentas e testes para medir aspectos como atenção, memória, linguagem, funções executivas e habilidades visuoespaciais.

O objetivo do rastreamento de habilidades cognitivas é detectar problemas cognitivos em estágios iniciais, permitindo intervenções precoces e personalizadas, que podem melhorar significativamente os resultados educacionais e de desenvolvimento. Instrumentos de rastreio não fazem diagnóstico, mas sinalizam áreas que requerem mais estimulação, portanto, podem ser utilizados por diferentes profissionais que trabalham na avaliação e no acompanhamento de crianças com dificuldades de aprendizagem.[15]

Esse tipo de rastreamento é fundamental para o fornecimento de um suporte adequado e eficaz, promovendo uma educação mais inclusiva e personalizada. O rastreamento de habilidades cognitivas é amplamente utilizado em ambientes educacionais e de saúde para monitorar o desenvolvimento infantil e orientar a implementação de estratégias pedagógicas e terapêuticas baseadas nas necessidades específicas de cada criança.

Três consequências da falta de um rastreio precoce das habilidades cognitivas

1. **Identificação tardia:** sem uma avaliação centrada em habilidades cognitivas, problemas como transtornos específicos de aprendizagem podem ser identificados tardiamente, atrasando intervenções necessárias.

2. **Intervenções inadequadas:** intervenções baseadas apenas no reforço de conteúdo podem ser ineficazes se não abordarem as habilidades cognitivas subjacentes. Por exemplo, alunos com dificuldades em leitura podem se beneficiar mais de atividades que melhoram a consciência fonológica e a memória de trabalho do que de repetição contínua de leitura.

---

[15] SILVA, L.; GUARESI, R. Proposta de instrumento para rastreio de dificuldades de aprendizagem em alunos das séries iniciais. **Revista Virtual de Estudos de Gramática e Linguística**, 2019, 6(2), 68-76.

3. **Frustração e desmotivação:** alunos que não recebem o apoio adequado para suas dificuldades cognitivas podem se sentir frustrados e desmotivados, levando a um desempenho acadêmico ainda pior e a problemas comportamentais.

Além dos fatores correlacionados à falta de identificação precoce, há também uma comparação que pode ser feita a respeito da educação ser focada apenas em aspectos relacionados à aquisição de conteúdo escolar e não na observação do desenvolvimento das habilidades cognitivas.

Tabela 4.4 Diferença entre educação conteudista *versus* educação focada em desenvolvimento de habilidades.

Aspecto	Educação Focada em Aquisição de Conteúdos	Educação Focada em Desenvolvimento de Habilidades Cognitivas
Objetivo principal	Transmissão de informações e conhecimentos específicos.	Desenvolvimento de processos cognitivos e habilidades de aprendizagem.
Método de avaliação	Testes e provas de memorização.	Avaliações formativas dinâmicas, que rastreiam habilidades cognitivas e competências.
Engajamento do aluno	Nem sempre é ativa, gerando desinteresse em função da metodologia.	Maior engajamento por meio de atividades interativas e significativas.
Personalização do ensino	Uniforme, com pouca adaptação às necessidades individuais.	Altamente voltado às necessidades de cada aluno.
Desenvolvimento de habilidades	Ênfase na memorização e reprodução de conteúdo.	Foco no desenvolvimento de habilidades cognitivas, como atenção, memória e planejamento.
Impacto nas dificuldades de aprendizagem	Dificuldades podem passar despercebidas ou ser mal diagnosticadas.	Identificação precoce e precisa das dificuldades, permitindo intervenções eficazes.

Aspecto	Educação Focada em Aquisição de Conteúdos	Educação Focada em Desenvolvimento de Habilidades Cognitivas
Preparação para o futuro	Prepara os alunos para testes e exames específicos.	Prepara os alunos para desafios futuros com habilidades transferíveis e aplicáveis.
Flexibilidade cognitiva	Rígido, com pouca oportunidade para explorar diferentes métodos de pensamento.	Incentiva a adaptação e a flexibilidade no pensamento e na resolução de problemas.
Motivação e interesse	Pode resultar em desmotivação devido à falta de conexão com a vida real.	Mantém os alunos motivados por meio de abordagens práticas e lúdicas.
Exemplos de ferramentas	Livros didáticos, provas e exercícios de repetição.	Jogos educativos, plataformas de avaliação cognitiva e intervenção.
Integração de tecnologia	Uso limitado de tecnologias interativas e de engajamento.	Alta integração de tecnologias educacionais para avaliação, intervenção e construção de novos saberes.

Fonte: elaborada pelos autores.

No início deste livro, contamos como os dois autores desta coleção se conheceram por meio do Facebook. Naquela época, Ana havia criado um dos *blogs* mais acessados na área de neurociência e educação, chamado *Neuropsicopedagogia na sala de aula*. Tiago, por sua vez, trabalhava como professor de Ciências e Biologia, em São Paulo, e estava se aprofundando no desenvolvimento de jogos. Ana gerenciava a página "Neurociências em benefício da educação", que tinha mais de 100 mil seguidores no Facebook. Simultaneamente, Tiago escrevia sobre gamificação na educação, compartilhando aulas inovadoras em sua rede social. Ambos acreditavam que o mundo poderia ser transformado por meio de uma educação mais prazerosa e que a linguagem dos jogos era o caminho para implementar essa mudança. A conexão entre eles refletia a necessidade latente de uma sociedade cada vez mais digital, com a avaliação como guia para tomar as melhores decisões.

Com os ingredientes: fundamentos básicos da neurociência; gamificação como estratégia para aumentar a motivação; tecnologia para gerar conexão e tornar mais dinâmico o processo de avaliação; e intervenção da aprendizagem, as forças intelectuais e de trabalho se uniram para criar um programa de avaliação e intervenção para jovens com dificuldades de aprendizagem.[16] O rastreamento dos processos cognitivos não só beneficia os alunos com dificuldades, mas também pode transformar a prática pedagógica, criando uma educação mais inclusiva e eficiente.

Este capítulo explora as bases do programa de avaliação e intervenção, criado pelos autores deste livro, e como uma educação focada nos processos cognitivos mudou a trajetória acadêmica de alunos matriculados em uma escola privada do interior de São Paulo. As histórias relatadas aqui são reais, mas os nomes foram trocados para preservar a identidade dos profissionais da educação e dos estudantes. Não se trata de um estudo de caso formal, mas de relatos rápidos que ilustram a importância do rastreio cognitivo e, sobretudo, de uma educação assessorada por profissionais, como o neuropsicopedagogo, para implementar uma educação pautada na avaliação dos processos cognitivos, os quais serão aprofundados nos próximos volumes desta coleção. Para fins de organização e didática, listamos a seguir os processos cognitivos implicados na aprendizagem, focos deste capítulo e dos subsequentes:

Tabela 4.5 Processos cognitivos e aprendizagem.

Processo Cognitivo	Descrição	Relevância para o Sucesso Acadêmico	Exemplos Práticos
Atenção	Capacidade de focar seletivamente em informações relevantes.	Essencial para a concentração durante as aulas e tarefas, permitindo a absorção de informações importantes.	1. Focar em uma aula ignorando barulhos externos. 2. Manter a atenção durante um exercício complexo.

---

[16] Clickneurons.com.br <site onde está hospedada a Plataforma Educacional Neurons e os programas de avaliação e intervenção: neurons e as Joias do Saber (6 a 9 anos) e Detecta Neurons (9 a 15 anos). Disponível em: https://clickneurons.com.br. Acesso em: 22 jul. 2024.

Processo Cognitivo	Descrição	Relevância para o Sucesso Acadêmico	Exemplos Práticos
Memória	Armazenamento e recuperação de informações.	Fundamental para recordar informações aprendidas e aplicá-las em provas e tarefas.	1. Memorizar fórmulas matemáticas. 2. Lembrar datas históricas para um exame.
Percepção	Processamento sensorial para interpretar o ambiente.	Crucial para entender e interpretar corretamente os materiais educativos e o ambiente escolar.	1. Identificar figuras geométricas em um problema de matemática. 2. Perceber erros em um texto escrito.
Linguagem	Leitura, compreensão e produção de linguagem.	Vital para a comunicação eficaz, compreensão de leituras e produção de textos.	1. Escrever uma redação. 2. Compreender uma leitura e responder perguntas relacionadas.
Raciocínio lógico	Resolução de problemas, tomada de decisões e raciocínio.	Importante para resolver problemas complexos e formular argumentos lógicos.	1. Resolver problemas de lógica. 2. Analisar uma situação histórica e tirar conclusões.
Motivação	Influencia a direção, intensidade e persistência do comportamento.	Fundamental para manter o interesse e a dedicação aos estudos, influenciando o desempenho acadêmico.	1. Persistir na resolução de um problema difícil. 2. Buscar recursos adicionais para entender uma matéria.
Flexibilidade Cognitiva	Ajuste do pensamento ou comportamento em resposta a mudanças.	Importante para adaptar-se a novas situações e desafios, promovendo uma aprendizagem dinâmica.	1. Mudar de estratégia ao resolver um problema de matemática. 2. Adaptar-se a novos métodos de estudo.

Processo Cognitivo	Descrição	Relevância para o Sucesso Acadêmico	Exemplos Práticos
Planejamento e organização	Criação e execução de planos para atingir objetivos.	Essencial para gerenciar o tempo e os recursos de forma eficaz, permitindo a conclusão de tarefas e projetos.	1. Criar um cronograma de estudo. 2. Organizar materiais para um projeto de ciências.
Inibição	Supressão de respostas impulsivas para realizar tarefas de maneira controlada.	Fundamental para manter o foco e a disciplina durante atividades acadêmicas.	1. Evitar distrações enquanto estuda. 2. Controlar a vontade de interromper durante uma discussão.
Velocidade de processamento	Rapidez com que o cérebro processa informações.	Importante para completar tarefas e provas em tempo hábil, facilitando o ritmo de aprendizagem.	1. Ler e entender rapidamente um texto. 2. Resolver rapidamente cálculos simples.
Metacognição	Reflexão e controle dos próprios processos de pensamento e aprendizado.	Essencial para desenvolver estratégias de estudo eficazes e autoavaliação, melhorando o desempenho acadêmico.	1. Avaliar a própria compreensão de um texto. 2. Planejar a melhor abordagem para estudar para uma prova.

A atuação do neuropsicopedagogo na escola

Depois dessa breve contextualização histórica, voltemos à história de Carlos. Decidida a agir, Dona Armênia aprovou a contratação de uma neuropsicopedagoga para a escola. A chegada da Dra. Helena à escola proporcionou uma oportunidade valiosa para todos os envolvidos reconsiderarem a interação entre avaliação de processos cognitivos e intervenção. Esse novo olhar era essencial, especialmente ao considerar casos como o da aluna Clara, que enfrentava desafios únicos em seu processo de aprendizagem. Questionamentos sobre como potencializar a aprendizagem em crianças com dificuldades ou transtornos específicos de aprendizagem vieram à tona, motivando a equipe diretiva a agir.

Ela começou seu trabalho realizando avaliações detalhadas dos alunos, utilizando testes específicos e observações. Com isso, conseguiu mapear a turma, traçando um perfil cognitivo de cada aluno e identificando aqueles com maiores dificuldades para organizar um projeto interventivo adequado. Esses testes foram desenvolvidos para coletar dados detalhados sobre o desempenho dos alunos, possibilitando a formulação de intervenções direcionadas para elevar a aprendizagem daqueles identificados com Baixo Desempenho Escolar (BDE).

> A AVALIAÇÃO NEUROPSICOPEDAGÓGICA REVELA COMO PROCESSOS COGNITIVOS DISFUNCIONAIS PODEM COMPROMETER A APRENDIZAGEM.

A avaliação neuropsicopedagógica revela como disfunções em processos cognitivos específicos podem comprometer a aprendizagem. "A avaliação neuropsicopedagógica nos permite entender que vários processos cognitivos estão envolvidos na execução de uma tarefa. Quando um desses processos é disfuncional, isso afeta a aprendizagem," explicou Dra. Helena em uma reunião com a direção. "Ela nos proporciona uma visão abrangente dos processos cognitivos e comportamentais das crianças."

Reconhecendo a necessidade de uma abordagem integrada, a equipe da Dona Armênia solicitou que Helena desenvolvesse uma avaliação global dos alunos. No contexto da neuropsicopedagogia institucional, é fundamental a habilidade de criar planos de intervenção coletivos, que respondam às lacunas identificadas pelas avaliações diagnósticas pedagógicas, pois elas servem de base para o planejamento das intervenções.[17]

---

[17] **SOCIEDADE BRASILEIRA DE NEUROPSICOPEDAGOGIA (SBNPp). Resolução n. 05/2021. Código de Ética Técnico-Profissional da Neuropsicopedagogia.** Joinville, 2021. Disponível em: https://sbnpp.org.br/arquivos/Codigo_de_Etica_Tecnico_Profisisonal_da_Neuropsicopedagogia_-_SBNPp_-_2021.pdf. Acesso em: 22 jul. 2024.

A tabela de atividade 2394-45, descrita pelo CBO, ressalta as principais atribuições do neuropsicopedagogo institucional, delineando vários processos, dos quais exemplificamos a atuação na área de implementação de projetos pedagógicos institucionais (Figura 4.2).

Figura 4.2 Principais atribuições do neuropsicopedagogo institucional segundo a tabela de Atividade 2394-45 do Ministério do Trabalho.

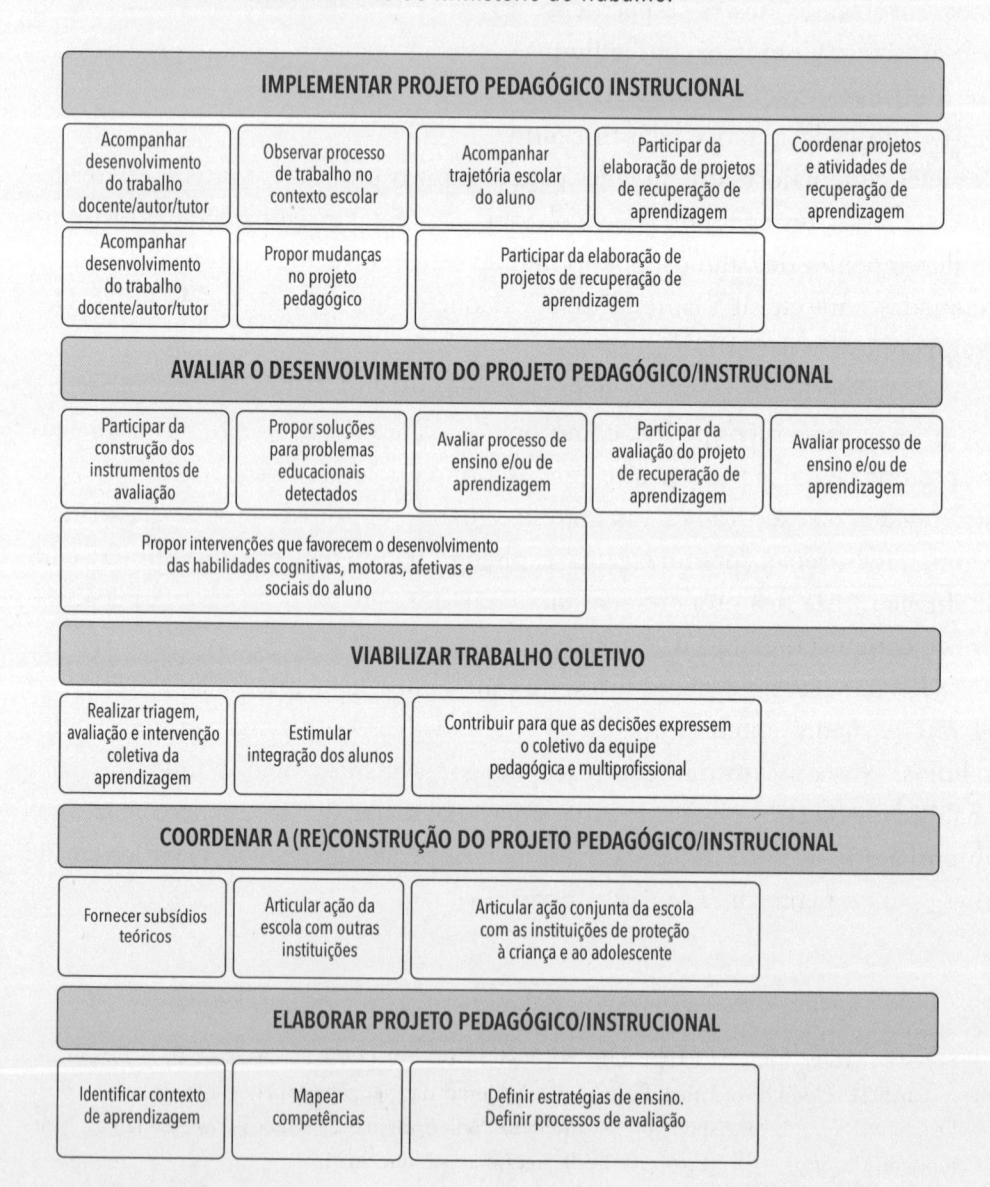

IMPLEMENTAR PROJETO PEDAGÓGICO INSTRUCIONAL

- Acompanhar desenvolvimento do trabalho docente/autor/tutor
- Observar processo de trabalho no contexto escolar
- Acompanhar trajetória escolar do aluno
- Participar da elaboração de projetos de recuperação de aprendizagem
- Coordenar projetos e atividades de recuperação de aprendizagem
- Acompanhar desenvolvimento do trabalho docente/autor/tutor
- Propor mudanças no projeto pedagógico
- Participar da elaboração de projetos de recuperação de aprendizagem

AVALIAR O DESENVOLVIMENTO DO PROJETO PEDAGÓGICO/INSTRUCIONAL

- Participar da construção dos instrumentos de avaliação
- Propor soluções para problemas educacionais detectados
- Avaliar processo de ensino e/ou de aprendizagem
- Participar da avaliação do projeto de recuperação de aprendizagem
- Avaliar processo de ensino e/ou de aprendizagem
- Propor intervenções que favoreçam o desenvolvimento das habilidades cognitivas, motoras, afetivas e sociais do aluno

VIABILIZAR TRABALHO COLETIVO

- Realizar triagem, avaliação e intervenção coletiva da aprendizagem
- Estimular integração dos alunos
- Contribuir para que as decisões expressem o coletivo da equipe pedagógica e multiprofissional

COORDENAR A (RE)CONSTRUÇÃO DO PROJETO PEDAGÓGICO/INSTRUCIONAL

- Fornecer subsídios teóricos
- Articular ação da escola com outras instituições
- Articular ação conjunta da escola com as instituições de proteção à criança e ao adolescente

ELABORAR PROJETO PEDAGÓGICO/INSTRUCIONAL

- Identificar contexto de aprendizagem
- Mapear competências
- Definir estratégias de ensino. Definir processos de avaliação

(continua)

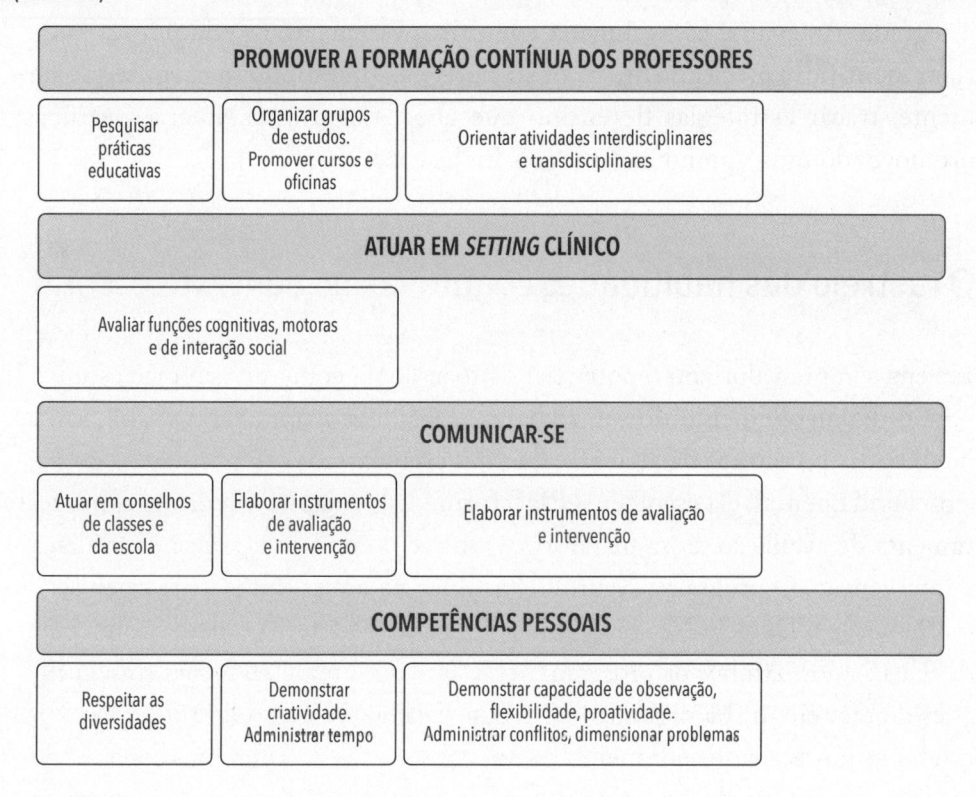

PROMOVER A FORMAÇÃO CONTÍNUA DOS PROFESSORES

- Pesquisar práticas educativas
- Organizar grupos de estudos. Promover cursos e oficinas
- Orientar atividades interdisciplinares e transdisciplinares

ATUAR EM *SETTING* CLÍNICO

- Avaliar funções cognitivas, motoras e de interação social

COMUNICAR-SE

- Atuar em conselhos de classes e da escola
- Elaborar instrumentos de avaliação e intervenção
- Elaborar instrumentos de avaliação e intervenção

COMPETÊNCIAS PESSOAIS

- Respeitar as diversidades
- Demonstrar criatividade. Administrar tempo
- Demonstrar capacidade de observação, flexibilidade, proatividade. Administrar conflitos, dimensionar problemas

Antes de realizar a avaliação dos estudantes, as primeiras tarefas de Helena na escola envolveram estabelecer comunicação com todos os profissionais, compreender suas demandas e observar as dinâmicas das turmas para que pudesse estruturar um plano de ação eficaz. Durante suas observações, ela percebeu que, enquanto muitos educadores já incorporavam conceitos de neurociências em suas práticas, outros ainda recorriam predominantemente ao uso de fotocópias e atividades repetitivas, que limitavam o envolvimento ativo dos alunos.

O domínio da neuropsicopedagogia capacita os profissionais a reconhecerem que a aprendizagem é sustentada por funções cognitivas fundamentais, que devem ser avaliadas em conjunto com o desenvolvimento de habilidades em leitura, escrita e matemática. Essa abordagem enfatiza a importância da metacognição – o processo de "pensar sobre o pensar" – e das funções executivas, que são componentes importantes e incontestáveis no processo de aprendizagem. Reconhecendo isso, Helena optou por implementar instrumentos de rastreio projetados para avaliar todos esses processos cognitivos de maneira integrada. Ao avaliar essas funções cognitivas essenciais, os educadores poderiam identificar precisamente os obstáculos na aprendizagem e, consequentemente, traçar estratégias de ensino que abordassem essas áreas específicas, promovendo uma aprendizagem mais inclusiva.

O rastreio das habilidades cognitivas no contexto escolar

Helena sempre valorizou o potencial da tecnologia como um suporte essencial para o desenvolvimento do seu trabalho. Decidida a otimizar a avaliação das habilidades preditoras de alfabetização das crianças nos primeiros anos do Ensino Fundamental, ela escolheu a **Plataforma Educacional Neurons** como ferramenta de avaliação. Essa plataforma conta com dois programas de avaliação e intervenção. O programa Neurons e as Joias do Saber (NJS), para crianças de 6 a 9 anos; e o Detecta Neurons, com a temática de detetives, para adolescentes de 9 a 15 anos. Ambos os programas contam com uma plataforma com avaliações de rastreio 100% digitalizadas e gamificadas. No caso do programa NJS, os alunos são avaliados por meio de rotas com nomes de diferentes cores, e todo o processo é mediado por personagens, monstrinhos alienígenas que perderam suas joias do saber. Essa plataforma permitiu o rastreio do desempenho dos alunos em diferentes áreas, como atenção, memória, planejamento, matemática, leitura e escrita, discriminação visual e habilidades gerais.

Tabela 4.6 Áreas e habilidades avaliadas pelo Programa Neurons e as Joias do Saber (6 a 9 anos).

ROTA	ÁREAS AVALIADAS	HABILIDADES AVALIADAS
AZUL	Memória	Memória visual imediata
		Memória visual tardia
		Memória auditiva imediata
		Memória auditiva tardia
		Memória visuoespacial
		Memória de reconhecimento visual
		Memória de reconhecimento auditivo

ROTA	ÁREAS AVALIADAS	HABILIDADES AVALIADAS
AMARELA	Atenção, Controle Inibitório e Flexibilidade Cognitiva	Atenção sustentada Atenção seletiva Atenção alternada Controle inibitório Flexibilidade cognitiva
VERDE	Planejamento	Organização Planejar ações Sequenciar ações Antecipar ações Raciocínio lógico
LARANJA	Habilidades Gerais	Conservação de quantidades Conservação de comprimento Seriação Classificação Inclusão de classe Posição Esquema corporal
VIOLETA	Consciência Fonológica	Distinguir letras e símbolos Identificar quantidade de letras Discriminação fonêmica inicial Discriminação visual de símbolos Discriminação fonêmica Discriminação de rimas ou sílaba final
TURQUESA	Habilidades Visuais	Discriminação visual Orientação visuoespacial Percepção figura-fundo Percepção visual semântica Análise e síntese Rotação visuoespacial
VERMELHA	Habilidades Matemáticas	Magnitude não simbólica Noção de magnitude simbólica Representação simbólica da magnitude Contagem sequencial Valor posicional Transcodificação numérica Fato numérico Resolução de problemas

Fonte: elaborada pelos autores.

Para a aplicação efetiva dos testes, foi necessário o uso do laboratório de informática da escola, o que implicou na colaboração direta com o professor Raul, responsável por esse espaço. Juntos, organizaram a logística para que cada turma completasse o processo de avaliação em quatro sessões de 30 minutos. Esse arranjo não apenas facilitou a realização dos testes, mas também promoveu uma integração valiosa entre as disciplinas. A primeira turma a completar todos os procedimentos de avaliação foi a do professor Marcos, do segundo ano, composta por 22 alunos.

Protocolo de aplicação do rastreio de habilidades cognitivas no contexto escolar

1. **Objetivo:** avaliar habilidades preditoras de alfabetização e outras competências cognitivas em crianças dos primeiros anos do Ensino Fundamental.

2. **Ferramenta de Avaliação:** Programa Educacional Neurons.
Disponível em: https://clickneurons.com.br/
Plataforma Online

3. **Local:** laboratório de informática da escola. Uso de computadores ou *tablets* conectados à internet.

4. **Duração:** quatro sessões de 30 minutos cada.

Preparação pré-avaliação

5. **Organização do espaço:** certifique-se de que todos os computadores estão funcionando corretamente e estão conectados à internet. Organize os computadores de modo que cada um esteja claramente identificado com o nome do aluno que vai usá-lo para evitar confusões.

6. **Acesso e configuração da plataforma:** faça *login* na Plataforma Educacional Neurons antes da chegada dos alunos. Cerifique-se de que

todas as atualizações necessárias foram aplicadas e que a plataforma está operacional. Abra a seção de atendimento individualizado para cada aluno, preparando os testes que serão realizados.

7. **Seleção dos recursos de avaliação:** selecione as avaliações específicas que serão aplicadas. Podem ser avaliações de atenção, memória, planejamento, matemática, leitura e escrita, discriminação visual e habilidades gerais.

8. **Certifique-se** de que os recursos visuais e auditivos da plataforma estão ajustados de acordo com as necessidades de cada aluno.

Durante a avaliação

9. **Orientações aos alunos:** reúna os alunos e explique claramente o processo de avaliação. Informe sobre a gamificação dos testes com personagens e a narrativa envolvendo as joias do saber perdidas pelos monstrinhos alienígenas (no caso, no programa Neurons e as Joias do Saber), tornando a experiência mais envolvente. Garanta que cada aluno esteja sentado no computador designado com seu nome.

10. **Monitoramento e suporte:** acompanhe e monitore os alunos enquanto realizam os testes para garantir que entendam as instruções e não enfrentem dificuldades técnicas. Forneça assistência imediata se algum aluno encontrar problemas ou tiver dúvidas sobre o processo.

11. **Documentação e *feedback*:** documente quaisquer observações relevantes durante a aplicação dos testes, como o comportamento dos alunos, suas interações com a plataforma e quaisquer desafios encontrados.

Pós-avaliação

12. **Análise dos resultados:** reúna os dados de desempenho gerados automaticamente pela plataforma para cada aluno. Organize os resultados em uma planilha para análise comparativa e identificação de padrões ou áreas que requerem atenção especial.

13. **Planejamento de intervenções:** com base nos resultados, desenvolva estratégias interventivas em colaboração com o professor e a equipe técnico-pedagógica. Planeje intervenções personalizadas que se alinhem com as necessidades específicas identificadas nos resultados dos testes.

Como orientado no protocolo descrito anteriormente, após a aplicação, os resultados foram meticulosamente organizados em planilhas e analisados. Os dados, divididos por áreas avaliadas e suas respectivas habilidades, forneceram *insights* valiosos para a equipe pedagógica. Por exemplo, o primeiro gráfico apresentado, referente ao desempenho da avaliação com uso da Rota Amarela, destacou as capacidades atencionais, a flexibilidade cognitiva e o controle inibitório dos alunos.

Gráfico 4.1 Resultado de desempenho da avaliação da Rota Amarela (avaliação da atenção) turma do 2º ano A.

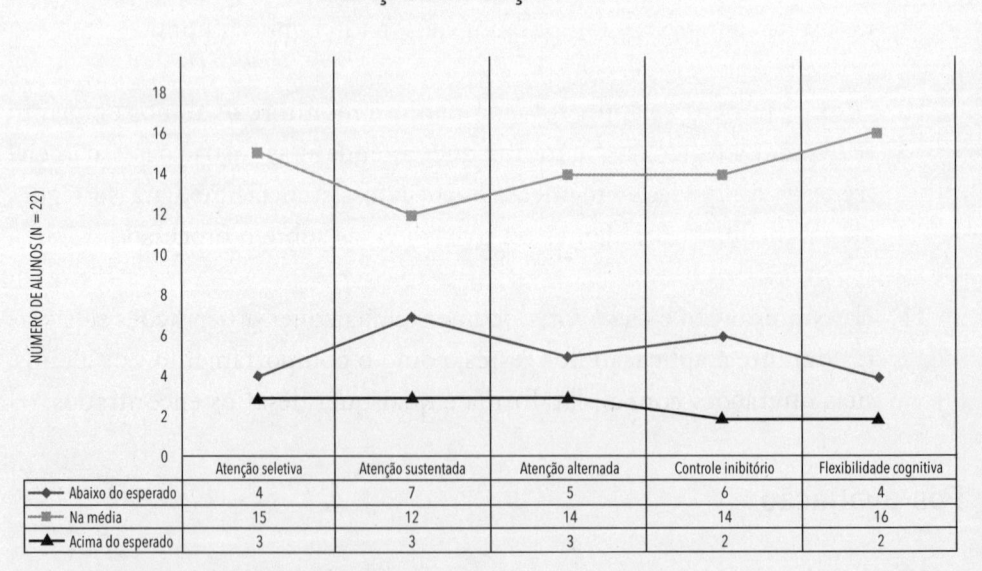

AVALIAÇÃO DA ATENÇÃO - T2A - EF1

	Atenção seletiva	Atenção sustentada	Atenção alternada	Controle inibitório	Flexibilidade cognitiva
Abaixo do esperado	4	7	5	6	4
Na média	15	12	14	14	16
Acima do esperado	3	3	3	2	2

Fonte: organizado pelos autores.

Na avaliação de memória para aprendizagem ficou clara a necessidade de focar na estimulação dessa capacidade essencial, especialmente das habilidades memória auditiva imediata, auditiva tardia e visuoespacial.

Gráfico 4.2 Resultado de desempenho da avaliação da Rota Azul (memória da aprendizagem) da turma do 2º ano A.

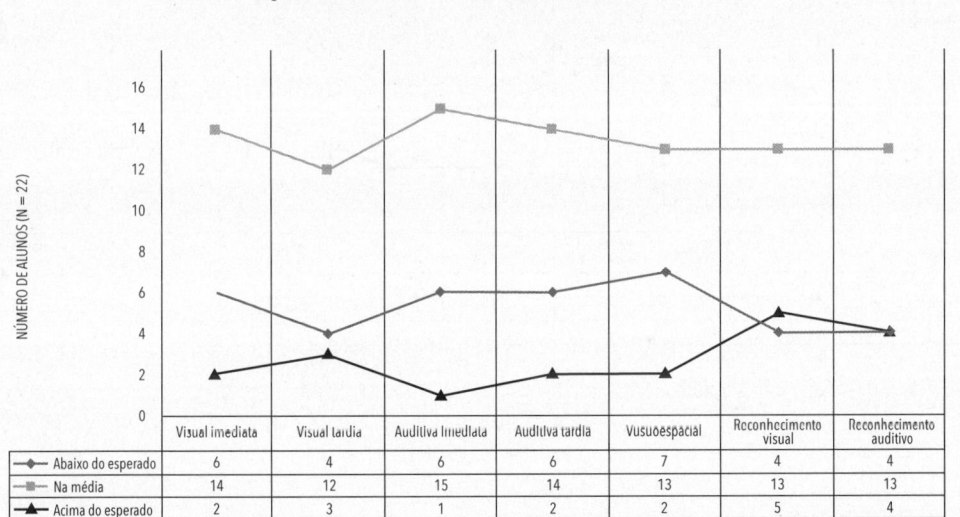

AVALIAÇÃO DA MEMÓRIA DA APRENDIZAGEM – T2A – EF1

	Visual imediata	Visual tardia	Auditiva imediata	Auditiva tardia	Visuoespacial	Reconhecimento visual	Reconhecimento auditivo
Abaixo do esperado	6	4	6	6	7	4	4
Na média	14	12	15	14	13	13	13
Acima do esperado	2	3	1	2	2	5	4

Fonte: organizado pelos autores.

Na avaliação das habilidades gerais, que inclui as provas operatórias, o esquema corporal e a lateralidade, ficou evidente a necessidade de materiais e atividades multissensoriais para a turma.

Gráfico 4.3 Resultado de desempenho da avaliação da Rota Laranja (habilidades gerais) da turma do 2º ano A.

AVALIAÇÃO DAS HABILIDADES GERAIS – T2A – EF1

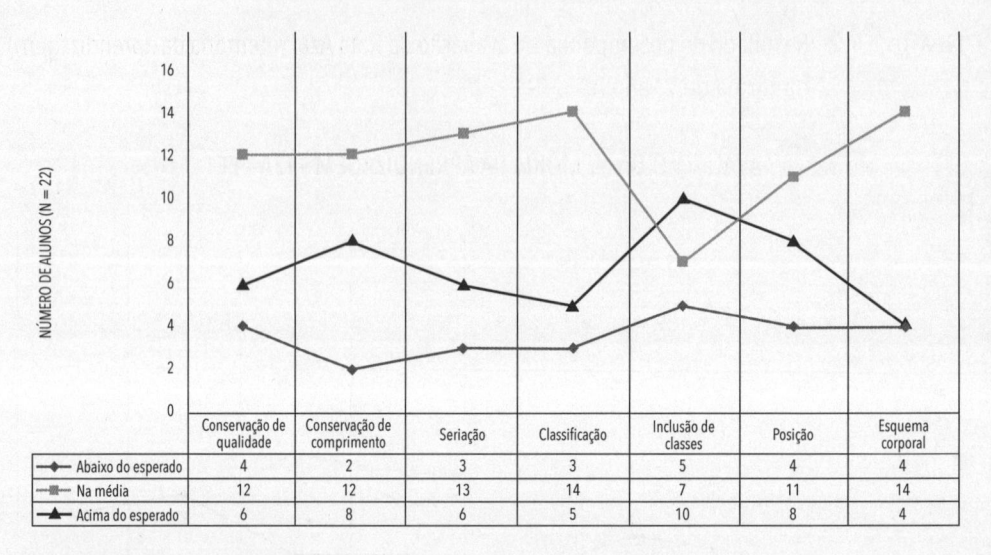

NÚMERO DE ALUNOS (N = 22)	Conservação de qualidade	Conservação de comprimento	Seriação	Classificação	Inclusão de classes	Posição	Esquema corporal
Abaixo do esperado	4	2	3	3	5	4	4
Na média	12	12	13	14	7	11	14
Acima do esperado	6	8	6	5	10	8	4

Fonte: organizado pelos autores.

A avaliação da discriminação visual revelou um aspecto importante: apesar de a maioria dos alunos apresentar desempenho médio, muitos enfrentavam dificuldades com a rotação visual. Essa habilidade é fundamental para o correto entendimento da escrita de números e letras, como demonstrado no Gráfico 4.4.

Gráfico 4.4 Resultado de desempenho da avaliação da Rota Turquesa (discriminação visual) da turma do 2º ano A.

AVALIAÇÃO DA DISCRIMINAÇÃO VISUAL – T2A – EF1

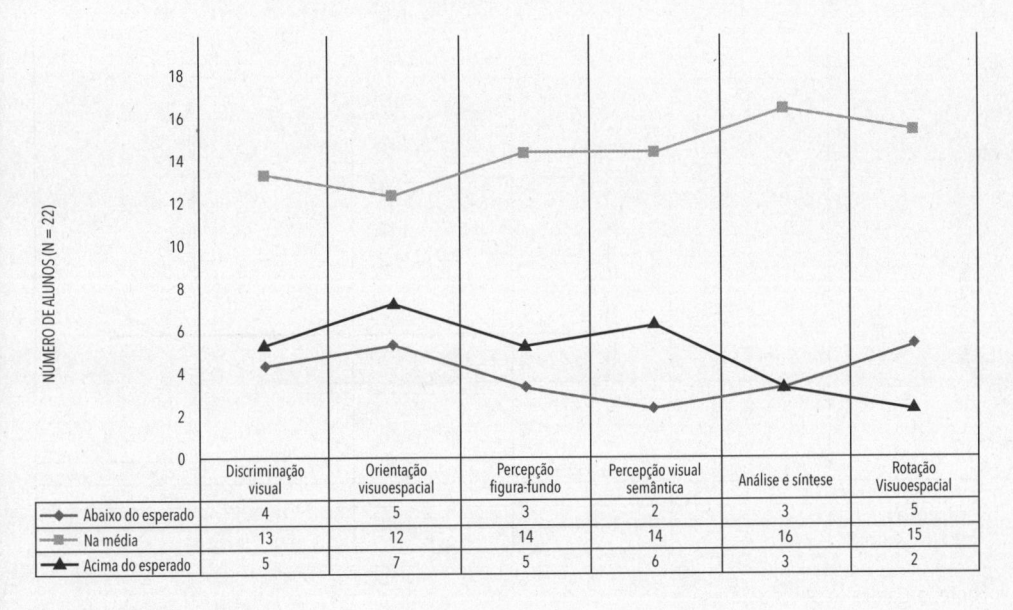

	Discriminação visual	Orientação visuoespacial	Percepção figura-fundo	Percepção visual semântica	Análise e síntese	Rotação Visuoespacial
◆ Abaixo do esperado	4	5	3	2	3	5
■ Na média	13	12	14	14	16	15
▲ Acima do esperado	5	7	5	6	3	2

NÚMERO DE ALUNOS (N = 22)

Fonte: organizado pelos autores.

As habilidades de planejamento, conforme demonstrado a seguir, indicam que, embora muitas crianças apresentem desempenho na média, a implementação de um processo de intervenção precoce ainda é fundamental para reforçar essa competência essencial.

Gráfico 4.5 Resultado de desempenho da avaliação da Rota Verde (planejamento) da turma do 2º ano A.

AVALIAÇÃO DE PLANEJAMENTO – T2A – EF1

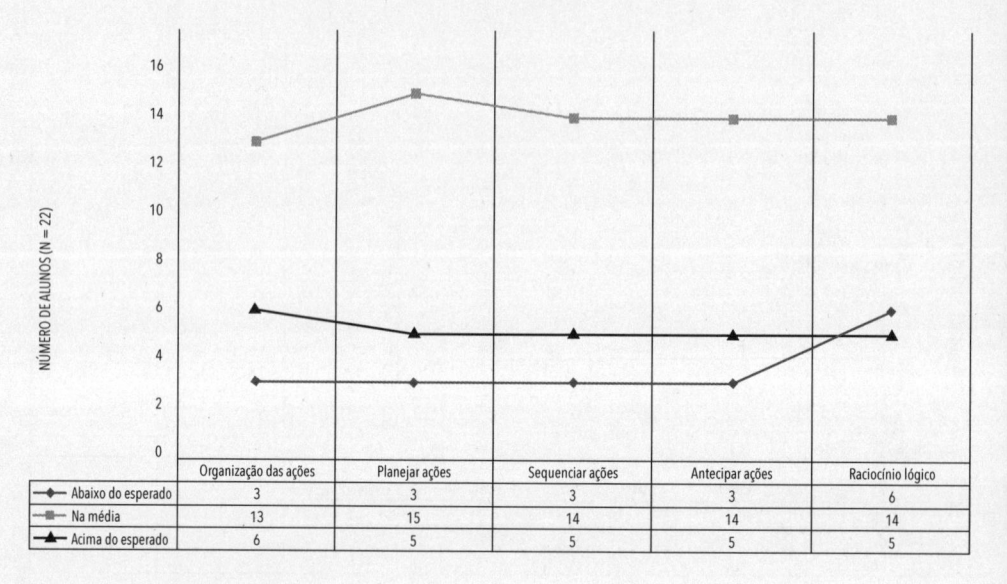

	Organização das ações	Planejar ações	Sequenciar ações	Antecipar ações	Raciocínio lógico
Abaixo do esperado	3	3	3	3	6
Na média	13	15	14	14	14
Acima do esperado	6	5	5	5	5

Fonte: organizado pelos autores.

A avaliação de matemática da turma revelou diferenças significativas no desempenho dos alunos, conforme indicado no Gráfico 4.6. Muitos deles demonstraram a necessidade de intervenções precoces para prevenir dificuldades futuras.

Gráfico 4.6 Resultado de desempenho da avaliação da Rota Vermelha (matemática) da turma do 2º ano A.

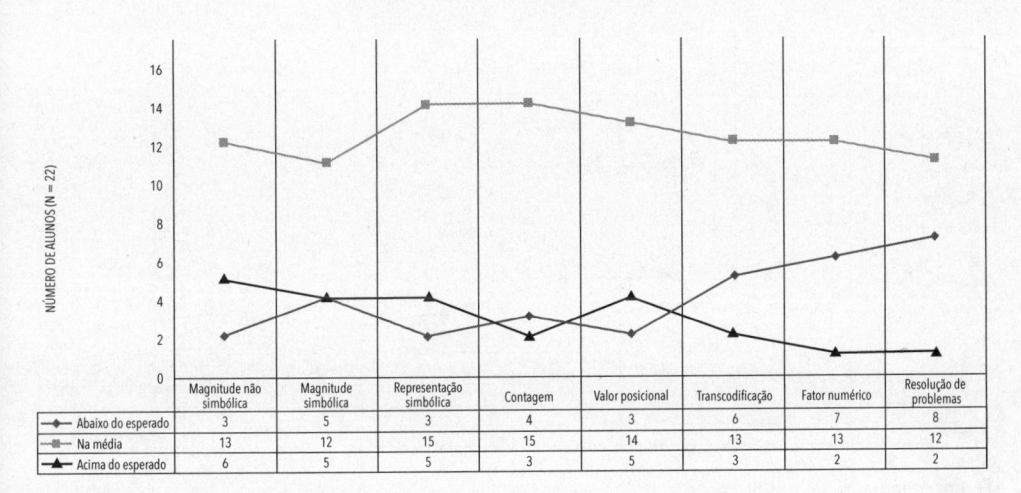

AVALIAÇÃO DE MATEMÁTICA - T2A - EF1

	Magnitude não simbólica	Magnitude simbólica	Representação simbólica	Contagem	Valor posicional	Transcodificação	Fator numérico	Resolução de problemas
Abaixo do esperado	3	5	3	4	3	6	7	8
Na média	13	12	15	15	14	13	13	12
Acima do esperado	6	5	5	3	5	3	2	2

Fonte: organizado pelos autores.

As dificuldades em discriminação fonológica impactam significativamente a aprendizagem da leitura e da escrita. De acordo com os dados apresentados no Gráfico 4.7, é essencial implementar intervenções focadas no desenvolvimento dessas habilidades.

Gráfico 4.7 Resultado de desempenho da avaliação da Rota Violeta (Consciência Fonológica) da turma do 2º ano A.

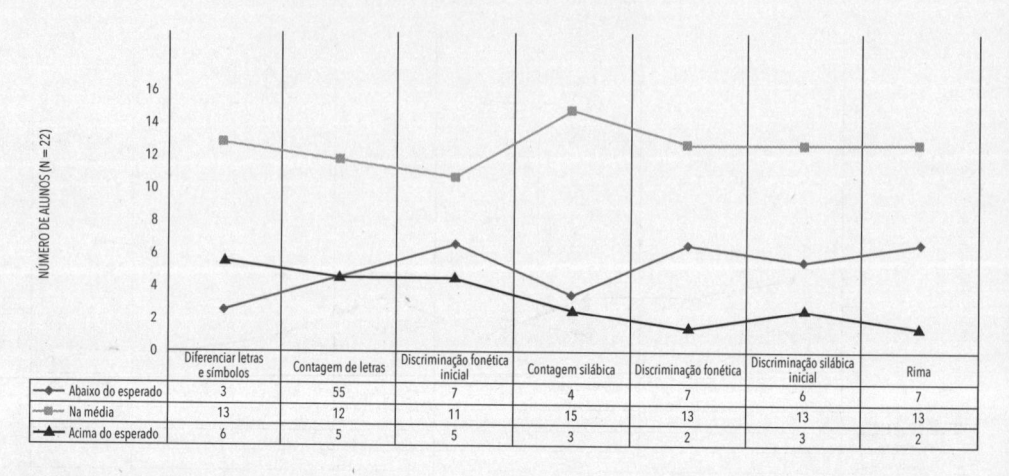

AVALIAÇÃO DE CONSCIÊNCIA FONOLÓGICA - T2A - EF1

	Diferenciar letras e símbolos	Contagem de letras	Discriminação fonética inicial	Contagem silábica	Discriminação fonética	Discriminação silábica inicial	Rima
Abaixo do esperado	3	55	7	4	7	6	7
Na média	13	12	11	15	13	13	13
Acima do esperado	6	5	5	3	2	3	2

Fonte: organizado pelos autores.

A Dra. Helena, em colaboração com a equipe técnico-pedagógica, consolidou uma base de dados robusta, que destacou áreas específicas para melhoria. Ela ressaltou a importância de adotar o modelo de Intervenção em Três Níveis (*Response to Intervention* – RTI, apresentado no primeiro capítulo deste livro) como uma estratégia eficaz para aprimorar o sistema de aprendizagem. Esse modelo propõe uma abordagem sistemática e em camadas para intervenções educacionais, começando com instruções gerais e avançando para intervenções mais direcionadas e intensivas para aqueles alunos que continuem enfrentando dificuldades após as medidas iniciais.[18] Por meio dessa metodologia, é possível identificar precocemente os alunos que necessitam de suporte adicional, garantindo que recebam a atenção adequada antes que as lacunas de aprendizagem se aprofundem. A implementação do RTI não apenas visa a melhoria do desempenho individual do aluno, mas também promove mais

---

[18] MACHADO, A. C.; ALMEIDA, M. A. O modelo RTI: resposta à intervenção como proposta inclusiva para escolares com dificuldades em leitura e escrita. **Revista Psicopedagogia**, 2014, v. 31, n. 95.

equidade no ambiente educacional, assegurando que todas as necessidades dos alunos sejam atendidas de maneira eficiente e eficaz.[19]

O modelo RTI

Em conversa com a equipe técnico-pedagógica, Helena destacou a importância de compreender que a identificação precoce de habilidades cognitivas disfuncionais pode aumentar significativamente as chances de sucesso no processo de alfabetização e minimizar os impactos negativos das dificuldades de aprendizagem. "Para isso, é essencial adotar modelos estruturados para o diagnóstico precoce dessas dificuldades. Profissionais das áreas de saúde e educação têm a oportunidade de proporcionar às crianças que enfrentam problemas escolares em leitura, escrita e matemática, intervenções preventivas antes que os problemas se agravem. Programas de avaliação e intervenção, como a Plataforma Educacional Neurons, podem ser integrados ao uso do programa RTI para identificar precocemente os alunos em risco e intervir de maneira eficaz, evitando que avancem nos anos escolares sem o desenvolvimento adequado dos processos cognitivos essenciais para a aprendizagem."

"O RTI é um modelo programático para a identificação e intervenção precoce em estudantes que apresentam dificuldades de aprendizagem e comportamentais, necessitando de apoios mais específicos. Os benefícios do RTI incluem eficiência e eficácia na mitigação de desafios acadêmicos, como problemas em leitura, escrita e matemática, além de reduzir a incidência de diagnósticos equivocados e encaminhamentos desnecessários para serviços especiais. Esse modelo também pode ser usado como critério diagnóstico para transtornos de aprendizagem, baseando-se na não-responsividade do aluno às intervenções preventivas", ressaltou.

Diante de diversos professores, ela disse: "O modelo de RTI mais comumente empregado é estruturado em três níveis, realizando uma espécie de

---

[19] CERQUEIRA-CÉSAR, A. B. P.; MARGUTI, M. P.; CAPELLINI, S. A. Modelo de resposta à intervenção em segunda camada: revisão de literatura. In: ALCANTARA, G. K; GERMANO, G. D.; CAPELLINI, S. A. **Múltiplos olhares sobre a aprendizagem e os transtornos de aprendizagem**. Curitiba: CRV, 2020.

'funil' de avaliação e intervenção. Inicialmente, realiza-se uma avaliação de sondagem ou rastreio em toda a turma (pré-teste), o que permite identificar quais alunos apresentam mais riscos de dificuldades de aprendizagem. Aqueles identificados são, então, submetidos a um processo de intervenção e a uma nova avaliação (pós-teste). Esse enfoque em três níveis garante que as intervenções sejam gradativamente intensificadas, conforme a necessidade de cada aluno, assegurando uma abordagem sistemática e direcionada para o suporte educacional", concluiu.

Nível I – todos do grupo participam.

Nível II – os alunos que apresentaram risco são atendidos em grupos.

Nível III – após determinado tempo de intervenção, os alunos que ainda não conseguiram progressos significativos são atendidos individualmente.

Para entendermos melhor o funcionamento do RTI na prática, Alves e colaboradores [20] proporcionam a visualização, no quadro a seguir, com a distribuição do nível de apoio de instrução.

Tabela 4.7 Níveis de apoio e instrução do RTI.

Nível de apoio de instrução	Nível I Intervenção em sala de aula	Nível II Intervenção em grupos	Nível III Intervenção intensiva
Participantes	Todos os estudantes.	Estudantes que não responderam à intervenção do Nível I.	Estudantes que não responderam aos níveis anteriores.
Modalidade	Sala de aula (coletivo).	Grupos de 3 a 5 estudantes.	Individual ou até 3 estudantes.

---

[20] ALVES, L. M.; CHAVES, T. A.; SOARES, A. M. **Educação inclusiva na prática**: estimulação cognitiva, conexão e ressignificação da vida. Rio de Janeiro: Wak Editora, 2024.

Nível de apoio de instrução	Nível I Intervenção em sala de aula	Nível II Intervenção em grupos	Nível III Intervenção intensiva
Duração da intervenção	Incluída nas atividades diárias; durante 8 a 15 semanas, por 15 a 30 minutos.	Contraturno escolar, durante 8 a 15 semanas, por 30 a 40 minutos. Dois encontros semanais ao longo de 8 semanas.	Encontros com duração de 45 a 120 minutos por dia por mais de 20 semanas.
Tipo de instrução	Objetiva, sistemática e sequencializada.	Objetiva. Oferecer modelo e treino. Maior número de tentativas.	Maior foco e intensidade nas tarefas. Avisos, pistas e maior número de tentativas.
Monitoramento do progresso	Duas a três vezes por ano.	Quinzenal (duas vezes por mês) ou mensalmente.	Duas vezes por semana ou semanalmente, conforme o necessário.

Fonte: adaptada de Alves, Chaves e Soares, 2024.

A implementação do RTI na escola com o Programa Educacional Neurons

Reconhecendo que o modelo é flexível e pode ser adaptado a diferentes contextos educacionais, desde que se respeite sua estrutura multinível, Helena preparou uma proposta baseada nos resultados obtidos nas avaliações da turma do 2º ano. Ela planeja apresentar essa proposta durante a próxima reunião técnico-pedagógica. A implementação do RTI no ambiente escolar, utilizando a Plataforma Educacional Neurons, pode ser realizada da seguinte maneira:

Tabela 4.8 Níveis do sistema RTI aplicados em uma turma do 2º ano do Ensino Fundamental.

Nível de apoio de instrução	Nível I Intervenção universal (em sala de aula)	Nível II Intervenção em pequenos grupos	Nível III Intervenção Intensiva e encaminhamento para clínicos
Participantes	Todos os estudantes.	Estudantes que não responderam à intervenção do Nível 1.	Estudantes que não responderam às camadas anteriores.
Modalidade	Sala de aula (coletivo).	Grupos de 3 a 5 estudantes.	Individual.
Duração da intervenção	Incluída nas atividades diárias durante 8 a 15 semanas, por 15 a 30 minutos.	Contraturno escolar; durante 8 a 15 semanas, por 30 a 40 minutos. Dois encontros semanais ao longo de 8 semanas.	Encontros diários.
Recursos	Programa PECC [Programa de Estimulação Cognitiva Clickneurons], aliado a recursos multissensoriais.	Programa PECC (Programa de Estimulação Cognitiva Clickneurons), aliado a recursos multissensoriais. e jogos da plataforma.	PECC, aliado a recursos multissensoriais, jogos digitais e atividades impressas da plataforma. Jogos terapêuticos de cartas ou tabuleiros.
Monitoramento do progresso	Duas a três vezes por ano.	Mensalmente.	Quinzenalmente.

Fonte: elaborada pelos autores.

Nível I: no primeiro nível, todos os alunos da mesma turma passam por um processo de avaliação de rastreio usando a Plataforma Educacional Neurons. Os resultados identificarão quais alunos apresentam riscos de dificuldades de aprendizagem. Subsequentemente, todos os alunos participarão das intervenções sugeridas pelas Avaliações de Rastreio da Plataforma Educacional Neurons (ARPENs) por um período mínimo de dois meses. As atividades propostas podem ser realizadas duas ou três vezes por semana, cada sessão durando cerca de 30 minutos. A plataforma oferece recursos interventivos em formato de jogo, que requerem conexão à internet, mas também disponibiliza tarefas imprimíveis, permitindo que os educadores escolham os recursos mais adequados. Adicionalmente, o Programa de Estimulação Cognitiva Clickneurons (PECC) oferece tarefas focadas em funções executivas, visando potencializar os processos cognitivos.

Nível II: este nível envolve uma retestagem dos alunos que inicialmente apresentaram riscos de aprendizagem. Caso os resultados mostrem ganhos significativos, o aluno poderá não necessitar de novas intervenções. Se não houver progresso adequado, recomenda-se que o aluno participe de grupos de intervenção estruturados, que focam nas necessidades específicas e em áreas que requerem mais estimulação. Essas sessões de intervenção são realizadas no contraturno escolar, duas a três vezes por semana, durando cada uma entre 30 e 40 minutos.

Nível III: a terceira etapa inclui uma nova rodada de testes para avaliar se os alunos que não mostraram progresso nos níveis anteriores ainda demonstram dificuldades significativas. Aqueles que não alcançaram os ganhos esperados são considerados para encaminhamento a serviços de atendimento clínico, além de receberem intervenções mais intensas no contexto escolar.

Resumo Executivo

- Desde a "Década do Cérebro" até as iniciativas da IMBES e da OCDE, houve um aumento significativo no entendimento de como o cérebro processa informações e como isso pode ser aplicado na educação. Esses avanços permitiram o desenvolvimento de estratégias pedagógicas baseadas em evidências científicas.

- A neuropsicopedagogia utiliza os conhecimentos da neurociência aplicada à educação, psicologia cognitiva e pedagogia para avaliar e intervir nos processos cognitivos de aprendizagem, ajudando a identificar e tratar dificuldades de modo precoce e eficaz.

- O modelo RTI é apresentado como um caminho neuroeducativo sistemático para intervenções educacionais, garantindo suporte adequado aos alunos. O capítulo finaliza destacando a importância de um rastreamento cognitivo sistemático e de intervenções personalizadas para melhorar o desempenho acadêmico e o bem-estar emocional dos estudantes.

Autorregulagem da aprendizagem

A avaliação neuropsicopedagógica permite identificar dificuldades cognitivas precocemente, promovendo intervenções eficazes baseadas em _____ e _____.

O modelo de Intervenção em Três Níveis (RTI) inclui avaliações de _____ e intervenções em _____ e _____.

(continua)

A Plataforma Educacional Neurons é usada para avaliar habilidades como _____, _____ e _____.

A Dra. Helena destacou a importância da metacognição e das _____ no processo de aprendizagem, implementando instrumentos de rastreio para avaliar esses processos.

A falta de rastreamento precoce das habilidades cognitivas pode levar a _____ e _____, impactando negativamente o desempenho acadêmico dos alunos.

CAPÍTULO 5

CRIANDO UM PLANO DE INTERVENÇÃO

- Por que apenas atividades com folhas impressas não são suficientes para uma boa aprendizagem dos estudantes?

- De que maneira a diversificação das estratégias de ensino pode melhorar a motivação e o engajamento dos alunos?

- Quais são os principais fatores que influenciam a consolidação da memória e da aprendizagem em crianças?

- O que é o efeito Mateus e como ele impacta o desenvolvimento das habilidades de leitura e escrita?

- Como a intervenção precoce pode transformar o desempenho acadêmico dos alunos?

- Como o modelo de Intervenção em Três Níveis (RTI) pode ajudar a oferecer suporte educacional adequado a todos os alunos?

A educação é a arma mais poderosa que você pode usar para mudar o mundo.

NELSON MANDELA

Certo dia, a Dra. Helena estava em sua sala, quando foi procurada pelo professor Marcos que, visivelmente preocupado, carregava uma pilha de cadernos. "Sei que sou professor disciplinado, procuro sempre trazer atividades diferenciadas, todo ano procuro renovar as folhas que disponibilizo impressas para meus alunos, mas, como o rastreio detectou, tenho muitas dificuldades com eles, confessou Marcos. "Eles parecem desmotivados, e muitos têm problemas com leitura e escrita." Dra. Helena, sempre compreensiva, convidou-o a sentar-se. "Vamos discutir isso. Quero compartilhar algo importante, que pode nos ajudar a entender melhor a situação."

Ela prosseguiu, explicando como o cérebro aprende, destacando a importância de um ambiente de aprendizado estimulante e motivador. Em seguida, abordou um estudo clássico da década de 1960, que envolvia ratos em ambientes enriquecidos *versus* empobrecidos. "Essa pesquisa mostrou que os ratos em ambientes ricos tinham um córtex cerebral mais espesso e maior atividade neuroquímica. Eles aprendiam e navegavam por labirintos com mais facilidade, o que destaca como a privação de estímulos pode afetar negativamente o desenvolvimento."[1]

Percebendo a confusão de Marcos, ela esclareceu: "Não se trata apenas da quantidade de estímulos, mas da qualidade. Por exemplo, o uso excessivo de atividades em folhas impressas pode oferecer algum estímulo, mas alternar essas atividades com jogos, apresentações teatrais, debates ou paródias enriquece significativamente a experiência de aprendizagem. Diversificar os

---

[1] MARTIM, R. **Como aprendemos**: uma abordagem neurocientífica da aprendizagem e do ensino. Porto Alegre: Penso, 2020.

métodos pedagógicos amplia os recursos cognitivos dos alunos, potencializando sua aprendizagem."

Na sala de aula, há alunos que aprendem com facilidade, enquanto outros necessitam de estratégias adicionais para conseguir aprender. Não estamos aqui, de maneira alguma, falando sobre estilos de aprendizagem — algo que não encontra respaldo na literatura científica —, mas de possibilidades de aprendizagem e maneiras distintas de codificar, evocar e consolidar a informação. Ao oferecer mais caminhos e abordagens multissensoriais, possibilitamos aos alunos fazerem associações e reterem novas aprendizagens.[2] Informações relevantes registram-se no sistema nervoso e podem se transformar em memória. Quanto melhor os conteúdos são codificados e armazenados na memória durante as aulas, maiores são as chances de serem recuperados no futuro.

Auxílio e apoio para professores

"Professor Marcos, quanto mais conhecimentos prévios um indivíduo tiver sobre um assunto, maior será a quantidade de conexões neurais que ele fará," continuou Dra. Helena. "Essas conexões resultam no aumento de espinhas dendríticas, que são estruturas relacionadas ao aprendizado."[3]

A Dra. Helena descreveu duas situações hipotéticas para ilustrar seu ponto: "Imagine uma criança no primeiro ano de alfabetização que só tem contato com atividades de leitura na escola. Em casa, não faz tarefas, não participa de jogos ou brincadeiras que ajudem no processo de leitura, e não há ninguém para discutir as aprendizagens da escola com ela. Em contrapartida, outra criança, além das atividades escolares, vive em um ambiente acolhedor, no qual é incentivada pela família a falar sobre o que está aprendendo, recebe ajuda com as tarefas escolares e faz brincadeiras relacionadas ao conteúdo escolar."

A Dra. Helena continuou, "Certamente, a segunda criança está recebendo estímulos que reforçam as conexões neurais da leitura, aumentando as

---

[2] ORSATI, F. T. et al. **Práticas para a sala de aula baseadas em evidências.** São Paulo: Memnon, 2015.

[3] NISHIYAMA, J. Plasticity of dendritic spines: molecular function and dysfunction in neurodevelopmental disorders. **Psychiatry and Clinical Neurosciences,** 2019, 73(9), 541-550.

chances de consolidar a aprendizagem de modo mais eficaz. No entanto, uma criança que raramente é chamada para ler pode ter suas conexões neurais prejudicadas, dificultando a leitura de palavras mais complexas, a escrita correta e a interpretação de textos". Nesse momento, a doutora se levantou, pegou um documento em seu armário e apresentou ao professor.

"Você já ouviu falar do efeito Mateus?", perguntou. "Refere-se a um fenômeno pelo qual as crianças que desenvolvem habilidades fundamentais para a alfabetização antes da escolarização formal tendem a ter mais sucesso ao longo do processo de aprendizagem. O nome "efeito Mateus" deriva de uma passagem bíblica que afirma "aos que têm, será dado mais; aos que não têm, até o que têm lhes será tirado" (Mateus 25:29), simbolizando a ideia de que vantagens iniciais podem se acumular ao longo do tempo."[4], explicou.

No contexto da alfabetização, o efeito Mateus destaca a importância de um bom começo na educação infantil. Crianças que adquirem habilidades de leitura e escrita precocemente tendem a progredir mais rapidamente e a consolidar essas competências de maneira mais eficaz do que aquelas que começam a escolarização com poucas habilidades básicas. Esse efeito também implica que a falta de habilidades iniciais pode levar a dificuldades contínuas na aprendizagem.[5]

O Plano Nacional de Alfabetização[6] utiliza esse conceito para justificar a necessidade de intervenções precoces e bem estruturadas, baseadas em evidências científicas, para garantir que todas as crianças desenvolvam as habilidades necessárias desde cedo, aumentando, assim, suas chances de sucesso acadêmico e reduzindo desigualdades educacionais.[7]

---

[4] ALENCAR, E. **O efeito Mateus na política nacional de alfabetização**: o caráter da alfabetização nos dias atuais. Anais do XV Seminário de Educação da PUC, São Paulo, 2022. Disponível em: https://proceedings.science/seminario-edu-puc-2022/trabalhos/o-efeito-mateus-na-politica-nacional-de-alfabetizacao-o-carater-da-alfabetizacao?lang=pt-br. Acesso em: 24 jul. 2024.

[5] BRASIL. Ministério da Educação. Secretaria de Alfabetização. **PNA – Política Nacional de Alfabetização**. Brasília: MEC/SEALF, 2019. Disponível em: http://portal.mec.gov.br/images/CADERNO_PNA_FINAL.pdf. Acesso em: 24 jul. 2024.

[6] BRASIL. Ministério da Educação. **Relatório Nacional de Alfabetização Baseada em Evidências – RENABE**. Brasília: MEC/Sealf, 2020.

[7] BRASIL, 2020.

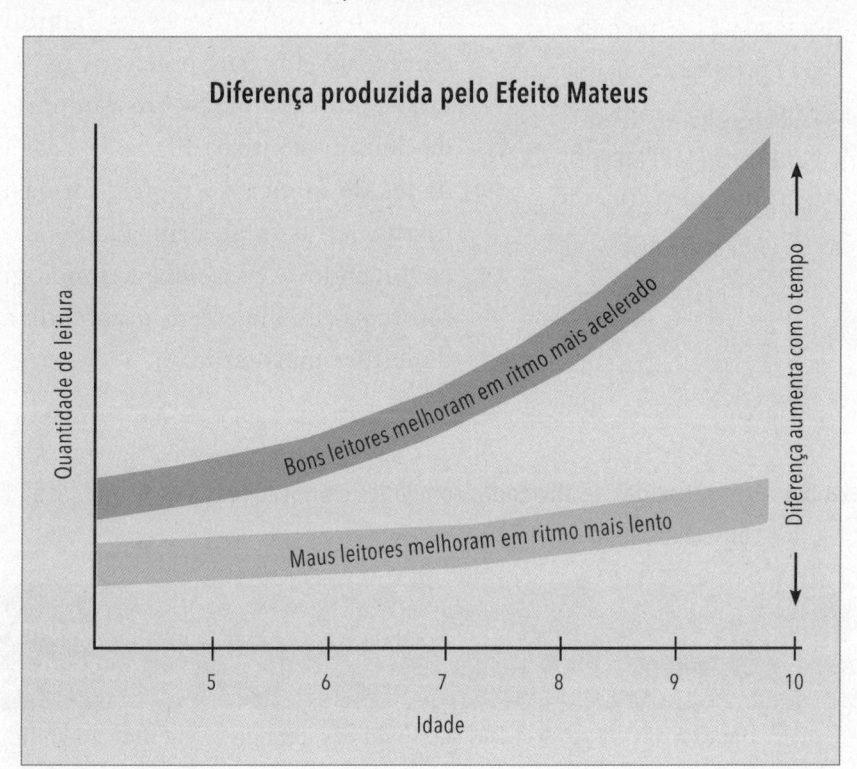

Figura 5.1 Efeito Mateus sobre o aprendizado de leitura.

Diferença produzida pelo Efeito Mateus

Eixo Y: Quantidade de leitura
Eixo X: Idade (5, 6, 7, 8, 9, 10)

Bons leitores melhoram em ritmo mais acelerado

Maus leitores melhoram em ritmo mais lento

Diferença aumenta com o tempo

Fonte: adaptada de Brasil, 2019.

Nesse momento da explicação, Marcos começou a entender que precisava mesclar mais as suas estratégias de ensino, que apenas preparar, imprimir e entregar uma folha de atividades para as crianças não era o melhor caminho.

É sabido que a aprendizagem não ocorre de maneira linear e não existe uma única área no cérebro exclusivamente dedicada a habilidades específicas, como a leitura e a escrita. Na verdade, nossos cérebros não evoluíram para ler e escrever. Durante o processo de desenvolvimento ontogenético do indivíduo, diversas áreas são recicladas e passam a se dedicar a ler e escrever. Diversos circuitos cognitivos são ativados para facilitar esses processos, como áreas responsáveis pela visão, linguagem, memória e processamento cognitivo. Isso explica por que os estímulos educacionais na primeira infância

> IMPRIMIR E ENTREGAR UMA FOLHA DE ATIVIDADES PARA AS CRIANÇAS NÃO É O ÚNICO, NEM O MELHOR, CAMINHO PARA O SUCESSO DA APRENDIZAGEM.

devem ser ricos e variados para garantir o desenvolvimento dessas habilidades complexas. Os pais precisam ser orientados, por exemplo, sobre a importância da leitura compartilhada e das atividades de nomeação (cores, formas, números, letras etc.), brincadeiras e jogos envolvendo a consciência fonológica e reforços que alicercem a aprendizagem da leitura mais tarde.

Tabela 5.1 Dez sugestões de atividades com jogos e brincadeiras para estimular a consciência fonológica.

Sugestão	Nome do jogo ou brincadeira	Descrição	Consciência fonológica
1	Batalha das Rimas	As crianças são divididas em dois grupos e competem para ver quem consegue encontrar mais palavras que rimam.	Melhora a habilidade de identificar e produzir rimas.
2	Bingo das Sílabas	Um jogo de bingo no qual, em vez de números, são usadas sílabas. As crianças marcam as sílabas que correspondem às palavras ditas pelo professor.	Ajuda na segmentação de palavras em sílabas.
3	Jogo da Forca	As crianças tentam adivinhar palavras ao sugerir letras. Cada letra errada adiciona uma parte ao desenho da forca.	Desenvolve o reconhecimento dos sons das letras e a formação de palavras.

Sugestão	Nome do jogo ou brincadeira	Descrição	Consciência fonológica
4	Estátua das Palavras	As crianças dançam ao som de uma música, e quando a música para, o professor diz uma palavra. As crianças devem ficar paradas e dizer uma palavra que comece com o mesmo som. Uma sugestão de música a ser utilizada é *Estátua*, de Xuxa Meneghel.	Trabalha a aliteração e a identificação de sons iniciais.
5	Caça ao Tesouro das Letras	Esconda cartões com letras pela sala. As crianças devem encontrar os cartões e formar palavras com as letras encontradas.	Fomenta a associação entre sons e letras.
6	Canta e Brinca	Brincadeiras musicais com canções que tenham rimas e aliteração.	Melhora a percepção de sons repetitivos e padrões rítmicos.
7	Qual o som?	Coloque vários cartões virados sobre uma mesa. As crianças viram um cartão e precisam dizer o som inicial que representa o nome da imagem	Estimula a consciência fonêmica.
8	Palavra Puxa Palavra	Uma criança diz uma palavra e a próxima deve dizer outra palavra que termina com o som final da palavra anterior. Exemplo: caminhão, avião etc.	Ajuda na segmentação e no reconhecimento de sons finais e iniciais.
9	Memória Fonológica	Um jogo de memória em que as cartas têm palavras ou imagens e as crianças devem encontrar os pares que rimam.	Fortalece a habilidade de encontrar rimas e palavras semelhantes foneticamente.
10	Ecoverna Jogo Digital	Jogo no qual a criança deve associar corretamente a imagem ao som da palavra dita.	Promove a habilidade de associar sons às imagens e nomeação de objetos. Saiba mais em: https://clickneurons.com.br/

Sobre a importância do conhecimento prévio

Dra. Helena aproveitou todo o interesse do professor Marcos para lhe mostrar um livro do David Ausubel. "Professor, você deve saber melhor do que eu que ter conhecimentos prévios sobre determinado assunto facilita a compreensão do que outra pessoa está falando ou escrevendo. Crianças com mais conhecimento prévio têm mais facilidade em buscar recursos instrumentais, como vídeos, textos e aprendizagens com os pares para ampliar ainda mais seus conhecimentos. Contudo, aquelas com baixo conhecimento prévio são menos propensas a procurar ajuda ou recursos alternativos", destacou.

"Um exemplo simples para entender o valor do conhecimento prévio é a escrita ortográfica. Crianças que sabem que algumas palavras derivam de outras podem usar esse conhecimento para decidir como escrevê-las. Por exemplo, ao escrever "laranjeira," uma criança pode recorrer à palavra "laranja" para saber se deve usar "j" ou "g." Na matemática, quando o professor usa material de contagem para ensinar multiplicação, a criança pode usar essa aprendizagem posteriormente para entender a divisão. Conhecimentos prévios permitem que novas redes de informação se constituam, estabelecendo conexões entre o que já se sabe e novas informações. Além disso, o conhecimento prévio pode estimular o interesse, orientar a atenção, ajudar a interpretar novas informações, auxiliar na codificação da memória, permitir inferências lógicas e orientar a resolução de problemas.[8] Falo isso para lhe encorajar a utilizar diferentes recursos e estímulos em sua sala de aula, sobretudo buscar inspiração na tecnologia."[9]

David Ausubel destaca a importância da aprendizagem significativa, que ocorre quando novas ideias e proposições são integradas aos conhecimentos já existentes. Ausubel afirma que o aprendizado é significativo quando alguém atribui significados a um conhecimento novo a partir da interação com seus conhecimentos prévios, modificando e enriquecendo a estrutura cognitiva existente. Isso permite a atribuição de significados ao novo conhecimento.

---

[8] DONG, A.; JONG, M. S.; KING, R. B. How does prior knowledge influence learning engagement? the mediating roles of cognitive load and help-seeking. **Frontiers in Psychology**, v. 11, 2020. Disponível em: https://doi.org/10.3389/fpsyg.2020.591203. Acesso em: 24 jul. 2024.

[9] ORSATI, 2015.

Revisar conteúdos e utilizar experiências multissensoriais e de complexidade crescente, relacionadas aos conhecimentos prévios do aprendiz, é fundamental para a consolidação das memórias.[10]

Um instrumento útil para favorecer a aprendizagem significativa é a construção de mapas conceituais, que correlacionam os conteúdos desenvolvidos em aula. Nesse tipo de tarefa, o aluno torna-se protagonista da aprendizagem, pois recupera e utiliza seus conhecimentos prévios para atribuir significado ao novo aprendizado. David Ausubel também contribui com a teoria do subsunçor, que é a ideia de que novas informações são incorporadas aos conceitos já existentes na mente do aprendiz, ancorando o novo conhecimento no pré-existente. Isso reforça a importância de estratégias de ensino que valorizem e ativem o conhecimento prévio dos alunos para facilitar a aprendizagem significativa e duradoura.

Sobre a importância da repetição e da motivação

A Dra. Helena continuou: "Eu admiro muito o neurocientista Eric Kandel, especialista em memória.[11] Ele menciona que a memória é formada em estágios, desde a memória de curto prazo, que dura segundos ou minutos, até a memória de longo prazo, que pode durar dias ou anos. A repetição é um dos fatores que contribuem para a consolidação das memórias". Ela destacou que atividades repetitivas na escola podem levar à habituação, tornando os estímulos menos atraentes para o sistema nervoso. "É importante variar as formas de repetir o conteúdo e manter a motivação para aprender. A primeira infância é um período crítico, em que o cérebro é mais maleável. Percebe a importância de variar métodos? De utilizar estratégias e possibilidades para ensinar um mesmo conteúdo ou desenvolver uma habilidade?"

---

[10] GUARESI, R. Repercussões de descobertas neurocientíficas ao ensino da escrita. **Revista da FAEEBA – Educação e Contemporaneidade**, 2014, 23(41), 51-62.

[11] KANDEL, E. **Em busca da memória:** o nascimento de uma nova ciência da mente. São Paulo: Companhia das Letras, 2009.

Para que o conteúdo seja efetivamente aprendido, ele precisa primeiro capturar a atenção e ser armazenado na memória de curto prazo, antes de ser potencialmente transferido para a memória de longo prazo. Vários fatores influenciam esses mecanismos cerebrais, incluindo a relevância do conteúdo, a alimentação adequada e o sono. Nosso cérebro tende a reter informações que repetimos frequentemente, pois presume que são cruciais para nossa sobrevivência.[12] No entanto, a repetição estratégica permite que o conteúdo seja apresentado em diferentes contextos, facilitando a formação de novas conexões cerebrais.

Outro aspecto fundamental é a motivação, que impulsiona a aprendizagem. Todas as nossas ações requerem motivação; por exemplo, não sentimos necessidade de beber água se não estamos com sede. A psicologia distingue dois tipos de motivação: intrínseca e extrínseca.[13] A motivação intrínseca é provocada por fatores internos, como necessidades fisiológicas, psicológicas e sociais, além de aspectos cognitivos e emocionais. Já a motivação extrínseca é impulsionada por fatores ambientais, que incentivam ou desencorajam uma ação. Em ambientes educacionais, enquanto alguns alunos são altamente motivados intrinsecamente, demonstrando prazer ao alcançar novos níveis de aprendizado, outros dependem de incentivos externos, como elogios ou reforços positivos, para progredir em seu aprendizado.

De maneira bem resumida e simples: a motivação ativa o sistema cerebral de recompensas, aumentando o interesse dos alunos pela aprendizagem. Esse sistema identifica a necessidade de recompensas, antecipa e reage à obtenção de estímulos recompensadores e regula a busca por recompensas, desempenhando um papel essencial na nossa motivação para explorar o mundo.[14] Por exemplo, quando uma criança participa de práticas de leitura e cria hábitos de

---

[12] COSENZA, R.; GUERRA, L. **Neurociência e educação**: como o cérebro aprende. Porto Alegre: Artmed, 2011.

[13] MORAIS, M. I. **Avaliação da motivação**. In: MORENO, B. (Ed.). **Processos Psicológicos II**. Porto Alegre: Sagah, 2022.

[14] PALMINI, A. L. F. A neurociência das relações entre professores e alunos: entendendo o funcionamento cerebral para facilitar a promoção do conhecimento. In: FREITAS, A. L. S. et al. (Eds.), **Capacitação docente**: um movimento que se faz compromisso. Porto Alegre: EDIPUCRS, 2010.

leitura, ela se sente motivada a ler mais. Estudos com crianças alemãs nos 2º e 3º anos escolares mostraram que a motivação intrínseca impacta positivamente a compreensão da leitura, uma relação também observada em estudos similares realizados em Portugal.[15]

Dra. Helena enfatizou ao professor Marcos a importância da motivação na escrita: "Assim como a leitura é fortemente influenciada pela motivação, a escrita dos alunos também precisa ser incentivada. Já pensou em disponibilizar diversos objetos para que as crianças criem uma história, fotografem cenas dessa história e, em seguida, usem essas fotos para escrever a narrativa em um documento do Word ou PowerPoint? Isso permitiria que cada aluno tivesse sua própria história para compartilhar com os colegas e familiares."

Em uma discussão mais aprofundada sobre a importância da motivação, Helena mencionou: "A maneira como nos comunicamos em sala de aula pode servir como um elemento motivador no processo de aprendizagem. Um exemplo marcante é a cena do filme *Como Estrelas na Terra*, em que as crianças aguardam ansiosamente o novo professor de artes, mas são surpreendidas por um som misterioso de flauta. Esse elemento inesperado desperta a curiosidade de todos, e logo o professor se apresenta de maneira inovadora, contrastando com os métodos tradicionais a que estavam acostumados."

Helena concluiu: "Quando o ensino e a aprendizagem geram uma sensação de bem-estar entre professor e aluno, ocorre uma verdadeira 'chuvinha de neurotransmissores', criando um ciclo motivacional que promove o engajamento nas atividades acadêmicas. Por outro lado, a falta de estímulo a esse sistema resulta em desmotivação, sinalizando ao aluno que não vale a pena se esforçar." Ela lembrou que não é possível que o professor esteja sempre motivador, mas manter a postura positiva é essencial para uma prática educacional eficaz. Assim, embora a repetição estratégica do conteúdo seja importante, sem a motivação, faltariam elementos vitais para o sucesso educacional.

---

[15] FERNANDES, S. Fluência na leitura oral. In: ALVES, R. et al. (Eds.). **Alfabetização baseada na ciência – Manual do curso ABC**. Brasília: Ministério da Educação (MEC), 2021. Disponível em: https://educapes.capes.gov.br/handle/capes/599972. Acesso em: 24 jul. 2024.

Comparando estratégias e caminhos pedagógicos

"Vamos imaginar duas abordagens diferentes para ensinar sobre planetas," sugeriu Dra. Helena. "O professor A coloca imagens de planetas na sala e pede que as crianças falem sobre o que sabem. Esse professor registra as contribuições e os alunos copiam o texto no caderno. Já o professor B cria um ambiente envolvente: pede que as crianças fechem os olhos, coloca uma música suave e conta uma história imaginativa sobre viajar pelo espaço. Ela destacou que ambas as abordagens desenvolvem o mesmo conteúdo, mas a abordagem do professor B, que explora mais habilidades sensoriais e emocionais, tende a ser mais eficaz. "Atividades que envolvem conteúdo emocional têm um grande impacto na aprendizagem, motivando os alunos e criando um ambiente mais propício para o aprendizado."

Dra. Helena enfatizou que a escola precisa proporcionar recursos que motivem as crianças a aprender, falar sobre o que estão aprendendo e brincar com os conhecimentos adquiridos. "Muitas vezes, a escola pode ser a única fonte de estímulo acadêmico para a criança. O educador modifica conexões neurais e sinapses no dia a dia, trabalhando com cérebros em pleno desenvolvimento."

"Repetições estratégicas do conteúdo ajudam na aprendizagem, mas a motivação é essencial. Além disso, fatores como boa alimentação e sono de qualidade são fundamentais," concluiu Dra. Helena. "O sono reorganiza as sinapses, eliminando as que estão em desuso e fortalecendo as sinapses importantes. Crianças com sono de má qualidade podem ter baixa capacidade de memorização e prejuízos na absorção de novas experiências."[16] Marcos saiu da conversa com uma nova perspectiva e várias ideias para implementar em sua aula. Ele sabia que, com a ajuda de Dra. Helena, poderia fazer uma diferença significativa na vida de seus alunos.

Essa pequena história ilustra de modo didático um dos papéis que o neuropsicopedagogo pode desempenhar no ambiente institucional – orientar professores quanto às suas práticas e fundamentá-las com base nas evidências trazidas pela literatura científica.

---

[16] CONSENZA; GUERRA, 2011. GIRI, B. et al. Sleep loss diminishes hippocampal reactivation and replay. **Nature**, 2024, 630, 935-942. Disponível em: https://doi.org/10.1038/s41586-024-07538-2. Acesso em: 12 jul. 2024.

Um aspecto essencial de todas as práticas de ensino é levar em conta a questão da plasticidade cerebral, que é a habilidade do cérebro de se moldar e adaptar por meio da aprendizagem. Essa capacidade resulta de uma interação complexa, que envolve a experiência do indivíduo, sua biologia e suas diferenças individuais. Portanto, é fundamental que os educadores compreendam que o conhecimento e o comportamento dos alunos em suas salas de aula não são o resultado de uma única variável, mas sim de uma complexa interação de fatores vivenciais e biológicos. Isso ajuda a entender por que certas estratégias de ensino podem ser eficazes para alguns alunos, mas não para outros. Nesse contexto, se as escolas adotarem caminhos neuroeducativos e políticas de avaliação destinadas a mapear o desenvolvimento dos alunos, e intervir prontamente, poderão oferecer suporte mais cedo àqueles que enfrentam desafios em seu processo de aprendizagem. Essa abordagem precoce não apenas identifica as necessidades individuais, mas também possibilita intervenções ajustadas, que podem melhorar significativamente as trajetórias educacionais dos alunos.

Primeira camada do RTI: triagem universal

Helena, junto com Marcos e a equipe técnica, tiveram uma reunião logo na segunda-feira. A pauta discutiria os dados coletados e as dificuldades dos alunos que tiveram desempenho abaixo do esperado.

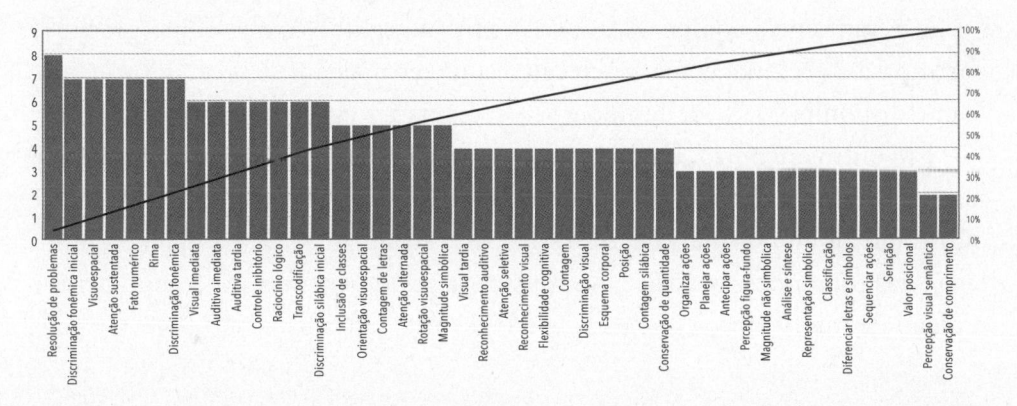

Figura 5.2 Número de alunos que obtiveram notas abaixo do esperado na triagem universal.

Helena organizou um gráfico mostrando que as habilidades que exigem mais estimulação focam em resolução de problemas, memória visuoespacial, atenção sustentada, discriminação silábica inicial, fato numérico e discriminação fonêmica. As três primeiras fazem menção às funções executivas e, desse modo, influenciam a aprendizagem da leitura, da escrita e de matemática. Portanto, Helena sugeriu que, neste primeiro momento, o foco deveria ser em intervenções pautadas nessas funções para que, assim, a turma tivesse ganhos nas demais habilidades. Como todos concordaram, foi organizado um plano de intervenção, que deveria ser aplicado em um bimestre, com duração de duas sessões semanais de 30 minutos cada, totalizando 16 sessões com oito horas de intervenção.

Para compor as tarefas de intervenção, a Dra. Helena utilizou a técnica de *Design Thinking*, uma abordagem colaborativa centrada no ser humano e focada na resolução de problemas de maneira criativa. O processo cocriativo iniciou-se após a análise dos dados oferecidos pelo rastreio das habilidades cognitivas dos alunos. A equipe definiu claramente os problemas que precisavam ser abordados e identificaram que as crianças necessitavam de atividades lúdicas, que estimulassem suas capacidades de atenção e memória de maneira gradual. Dra. Helena organizou um encontro entre os educadores, e com eles aplicou técnicas de *brainstorming* para criar atividades e jogos a serem implementados no contexto escolar. A colaboração e a troca de ideias foram essenciais para desenvolver tarefas de fácil aplicação e adequadas às necessidades dos alunos, valorizando o repertório pessoal de cada educador. Diversas ideias foram registradas em *post-its* e fixadas em cartazes para que todos pudessem visualizar e contribuir com mais ideias.

Após o primeiro encontro, de 90 minutos, mais de 200 ideias diferentes foram geradas pela equipe. Dra. Helena ficou orgulhosa, mas agora precisava partir para a próxima etapa: a seleção das ideias mais interessantes, de acordo com a disponibilidade de tempo e as necessidades específicas dos estudantes.

Em outro encontro, Dra. Helena fez uma breve explicação de como algumas atividades sugeridas estimulavam as habilidades de memória, atenção e outras que os alunos mais necessitavam ser estimuladas. Dessa maneira, muitas ideias foram descartadas e, no final do segundo encontro, a equipe definiu o plano de intervenção com a sequência de atividades listadas a seguir.

Plano de Intervenção para a turma avaliada

Objetivo: melhorar o desempenho nas funções executivas dos alunos.
Tempo do plano: dois meses (com duração de 3 sessões semanais de 20 minutos cada).

	SEMANA 1
Sessão 1 Jogo das Bandeiras	**Material necessário:** Bandeiras de cores verde, amarela e vermelha. **Habilidades desenvolvidas:** Atenção, discriminação visual. **Explicação da tarefa:** Cada vez que o professor levantar a bandeira verde, os alunos batem palmas; na amarela, colocam a mão na cabeça; e na vermelha, colocam as mãos para trás. **Instruções:** "Quando eu levantar a bandeira verde, batam palmas. Quando levantar a amarela, coloquem a mão na cabeça. E quando levantar a vermelha, coloquem as mãos para trás. Vamos começar!".
Sessão 2 Jogo das Cores e Formas	**Material necessário:** Cartões com formas geométricas de várias cores. **Habilidades desenvolvidas:** Atenção, discriminação visual. **Explicação da tarefa:** Cada criança recebe um cartão com uma forma geométrica colorida. O professor chama uma cor ou uma forma, e as crianças com o cartão correspondente se levantam e mostram. **Instruções:** "Cada um de vocês tem um cartão com uma forma e uma cor. Quando eu chamar uma cor ou uma forma, quem tiver o cartão correspondente levanta e mostra. Vamos começar!".

SEMANA 1 (continuação)	
Sessão 3 Estátua Musical	**Material necessário:** Música "Lá em Casa" (Palavra Cantada), aparelho de som. **Habilidades desenvolvidas:** Atenção, controle motor. **Explicação da tarefa:** As crianças dançam ao som da música e quando o professor baixa o volume, todos devem ficar imóveis como estátuas até o som recomeçar. **Instruções:** "Vamos dançar ao som da música. Quando eu abaixar o volume, todos devem parar e ficar imóveis como estátuas. Quando a música voltar, vocês podem dançar novamente. Vamos lá!".
SEMANA 2	
Sessão 4 Congelamento	**Material necessário:** Música variada, aparelho de som. **Habilidades desenvolvidas:** Atenção, controle motor. **Explicação da tarefa:** As crianças dançam ao som da música e quando o professor para a música, todos devem parar e ficar imóveis como estátuas até o som recomeçar. **Instruções:** "Vamos dançar ao som da música. Quando eu parar a música, todos devem parar e ficar imóveis como estátuas. Quando a música voltar, vocês podem dançar novamente. Vamos lá!".
Sessão 5 Jogo do Mestre	**Material necessário:** Nenhum. **Habilidades desenvolvidas:** Atenção, escuta ativa. **Explicação da tarefa:** O professor dá comandos que as crianças devem seguir somente se começar com "O mestre mandou...". **Instruções:** "Vou dar alguns comandos. Vocês devem segui-los apenas se eu disser 'O mestre mandou...' antes. Se eu não disser isso, não façam nada. Prontos?".

SEMANA 2 (continuação)

Sessão 6 Jogo do Eco	**Material necessário:** Nenhum. **Habilidades desenvolvidas:** Atenção, memória auditiva. **Explicação da tarefa:** O professor diz uma palavra ou frase, e as crianças devem repetir exatamente o que ouviram. **Instruções:** "Vou dizer uma palavra ou frase e quero que vocês repitam exatamente o que eu disse. Vamos começar com palavras curtas e depois aumentar a dificuldade. Prontos?".

SEMANA 3

Sessão 7 Troca de Lenços	**Material necessário:** Lenços de várias cores. **Habilidades desenvolvidas:** Atenção, discriminação visual. **Explicação da tarefa:** Cada criança segura um lenço de determinada cor. Quando o professor menciona uma cor durante a história, quem tiver o lenço correspondente deve trocar de lugar com um colega. **Instruções:** "Cada um de vocês tem um lenço colorido. Quando eu mencionar a cor do seu lenço durante a história, você deve trocar de lugar com um colega. Vamos começar a história!".
Sessão 8 Jogo das Cores	**Material necessário:** Lenços coloridos. **Habilidades desenvolvidas:** Atenção, discriminação visual. **Explicação da tarefa:** O professor menciona uma cor e as crianças com lenços dessa cor devem levantar e trocar de lugar. **Instruções:** "Quando eu mencionar uma cor, quem tiver um lenço dessa cor deve levantar e trocar de lugar com outro colega que tenha a mesma cor de lenço. Vamos começar!"

SEMANA 3 (continuação)	
Sessão 9 Jogo do Pim	**Material necessário:** Nenhum. **Habilidades desenvolvidas:** Atenção, contagem. **Explicação da tarefa:** As crianças formam um círculo e cada uma diz um número na sequência. Para múltiplos de 3, devem dizer "PIM" em vez do número. **Instruções:** "Vamos contar em círculo, um número por vez. Quando chegar a um múltiplo de 3, digam 'PIM' em vez do número. Se alguém errar, começamos de novo. Vamos lá!".

SEMANA 4	
Sessão 10 Jogo dos Números	**Material necessário:** Cartões com números. **Habilidades desenvolvidas:** Atenção, contagem. **Explicação da tarefa:** Cada criança recebe um cartão com um número. O professor chama um número e a criança com o cartão correspondente deve levantar e dizer um número que seja múltiplo do número chamado. **Instruções:** "Cada um de vocês tem um cartão com um número. Quando eu chamar um número, quem tiver o cartão correspondente deve levantar e dizer um número que seja múltiplo do número chamado. Vamos começar!".
Sessão 11 Vivo e Morto	**Material necessário:** Nenhum. **Habilidades desenvolvidas:** Atenção, controle motor. **Explicação da tarefa:** Quando o professor disser "vivo", os alunos permanecem em pé. Quando disser "morto", devem sentar-se. **Instruções:** "Quando eu disser 'vivo', fiquem em pé. Quando eu disser 'morto', sentem-se rapidamente. Prontos?".

	SEMANA 4 (continuação)
Sessão 12 Pulo Vivo e Morto	**Material necessário:** Nenhum. **Habilidades desenvolvidas:** Atenção, controle motor. **Explicação da tarefa:** Quando o professor disser "vivo", os alunos devem pular. Quando disser "morto", devem se agachar. **Instruções:** "Quando eu disser 'vivo', pulem. Quando eu disser 'morto', se agachem rapidamente. Prontos?".

	SEMANA 5
Sessão 13 Bolha de Sabão	**Material necessário:** Potes de bolha de sabão, bandeiras verde e amarela. **Habilidades desenvolvidas:** Atenção, controle respiratório. **Explicação da tarefa:** As crianças sopram bolhas quando o professor levanta a bandeira verde e param quando levanta a amarela. **Instruções:** "Quando eu levantar a bandeira verde, soprem bolhas. Quando eu levantar a bandeira amarela, parem. Vamos começar!".
Sessão 14 Desenho de Bolhas	**Material necessário:** Papel, lápis de cor ou giz de cera. **Habilidades desenvolvidas:** Atenção, criatividade, coordenação motora fina. **Explicação da tarefa:** Após a atividade com as bolhas de sabão, as crianças desenham no papel as bolhas que conseguiram fazer e descrevem a experiência. **Instruções:** "Agora que fizemos muitas bolhas, quero que vocês desenhem no papel as bolhas que fizeram e escrevam ou me contem como foi a experiência. Vamos ver quem consegue fazer o desenho mais colorido!".

SEMANA 5 (continuação)	
Sessão 15 A História dos Animais	**Material necessário:** Nenhum. **Habilidades desenvolvidas:** Atenção, discriminação auditiva. **Explicação da tarefa:** O professor conta uma história e, cada vez que menciona um animal, as crianças miam. Se o animal tiver asas, elas batem palmas. **Instruções:** "Vou contar uma história. Quando eu mencionar um animal, façam o som de miado. Se o animal tiver asas, batam palmas. Vamos começar!".

SEMANA 6	
Sessão 16 Imitação de Animais	**Material necessário:** Nenhum. **Habilidades desenvolvidas:** Atenção, expressão corporal, criatividade. **Explicação da tarefa:** Após a história, as crianças escolhem um animal da história e fazem uma breve imitação do animal, incluindo sons e movimentos. **Instruções:** "Agora, quero que cada um de vocês escolha um animal da história que contei e faça uma imitação desse animal. Façam os sons e os movimentos que o animal faz. Vamos nos divertir!".
Sessão 17 O Alfabeto	**Material necessário:** Cartões com letras ou tela interativa. **Habilidades desenvolvidas:** Atenção, conhecimento das letras. **Explicação da tarefa:** O professor mostra letras aleatórias e as crianças devem dizer a letra seguinte na ordem alfabética. **Instruções:** "Vou mostrar uma letra. Em vez de dizer a letra que aparece, digam a letra que vem depois no alfabeto. Vamos lá!".

SEMANA 6 (continuação)	
Sessão 18 Letras em Movimento	**Material necessário:** Cartazes com letras grandes. **Habilidades desenvolvidas:** Atenção, coordenação motora. **Explicação da tarefa:** O professor coloca os cartazes com letras no chão. As crianças devem pular de uma letra para outra seguindo a ordem alfabética. **Instruções:** "Vamos colocar essas letras no chão. Quero que vocês pulem de uma letra para outra seguindo a ordem alfabética. Quem consegue pular de A para B, de B para C, e assim por diante? Vamos ver quem é rápido e sabe o alfabeto!".

SEMANA 7	
Sessão 19 Baralho das Cores	**Material necessário:** Cartões coloridos com círculos de várias cores. **Habilidades desenvolvidas:** Atenção, discriminação visual. **Explicação da tarefa:** As crianças nomeiam a cor da carta mostrada, exceto se for vermelha (dizem azul) ou azul (dizem verde). Podem ser adicionados movimentos específicos para cada cor. **Instruções:** "Vou mostrar uma carta colorida. Diga a cor da carta, mas se for vermelha, diga azul, e se for azul, diga verde. Vamos lá!".
Sessão 20 Cores e Formas	**Material necessário:** Cartões com formas geométricas de várias cores. **Habilidades desenvolvidas:** Atenção, discriminação visual, memória. **Explicação da tarefa:** As crianças recebem cartões com formas geométricas de diferentes cores. O professor chama uma cor e uma forma, e as crianças com o cartão correspondente devem levantar e mostrar. **Instruções:** "Cada um de vocês tem um cartão com uma forma e uma cor. Quando eu chamar uma cor e uma forma, quem tiver o cartão correspondente levanta e mostra. Vamos começar!".

SEMANA 7 (continuação)	
Sessão 21 Caça ao Tesouro das Cores	**Material necessário:** Cartões coloridos, pequenos objetos coloridos. **Habilidades desenvolvidas:** Atenção, discriminação visual. **Explicação da tarefa:** Esconda pequenos objetos coloridos pela sala. Cada criança deve encontrar o objeto que corresponde à cor do seu cartão. **Instruções:** "Cada um de vocês tem um cartão com uma cor. Encontrem um objeto da mesma cor que está escondido pela sala. Após encontrarem os objetos escondidos, quero que desenhem no papel o que encontraram e escrevam uma pequena descrição sobre o objeto. Vamos ver quem encontrou o tesouro mais interessante!".

SEMANA 8	
Sessão 22 Desenho do Tesouro	**Material necessário:** Papel, lápis de cor ou giz de cera. **Habilidades desenvolvidas:** Atenção, criatividade, coordenação motora fina. **Explicação da tarefa:** Após a caça ao tesouro, as crianças desenham no papel o que encontraram e escrevem uma pequena descrição. **Instruções:** "Agora que vocês encontraram os objetos escondidos, quero que desenhem no papel o que encontraram e escrevam uma pequena descrição sobre o objeto. Vamos ver quem encontrou o tesouro mais interessante!".
Sessão 23 Alerta	**Material necessário:** Áudio com lista de palavras diversificadas e com algumas específicas que se repetem com frequência. (Pode estar armazenados no celular, em um pendrive etc.). **Habilidades desenvolvidas:** Atenção, memória auditiva. **Explicação da tarefa:** O professor ligará um som que haverá um áudio com listas de palavras diversas, entretanto haverá 5 que mais irão se repetir: ATENÇÃO, FOCO, CONCENTRAÇÃO, ALERTA, SERPENTE.

	SEMANA 8 (continuação)
Sessão 23 Alerta (continua)	Cada vez que ouvirem ATENÇÃO deverão bater palmas, FOCO colocar a mão na cabeça, CONCENTRAÇÃO cruzar os braços, ALERTA mãos na cintura, SERPENTE fazer "sssssss". **Instruções:** "Vou colocar um áudio com uma sequência de palavras, mas cada vez que ouvirem a palavra ATENÇÃO deverão bater palmas". Muito bem agora vou repetir a sequência e terá duas palavras que deverão prestar mais atenção, primeiro a palavras ATENÇÃO que é para bater palmas e quando ouvirem FOCO devem colocar a mão na cabeça. Vamos repetir mais vezes esta tarefa e cada vez irei aumentar mais uma palavra para que vocês executem um movimento assim que a palavra for escutada. Vamos começar!".
Sessão 24 Hora de lembrar	**Material necessário:** Fichas com perguntas. **Habilidades desenvolvidas:** Atenção, memória semântica. **Explicação da tarefa:** O professor irá chamar 1 criança por vez e ela retira uma ficha com o início de uma frase, que deverá ser completada com a maior quantidade de itens diferentes durante 30 segundos...Exemplo das questões: 1 – Na sua casa tem... 2 – Na cozinha da sua residência é possível encontrar... 3 – Na sua sala de aula há... 4 – Durante a semana, você almoçou... 5 – O nome de todos os seus colegas... 6 – O nome dos profissionais que trabalham na escola e suas respectivas funções são... 7 – Nome de árvores e seus respectivos frutos(as) que consegue lembrar é... 8 – As consoantes são... 9 – Nomes de animais... 10 – Palavras que terminam em "R"... 11 – Palavras iniciadas com "A"... 12 – Números que na sua escrita tem a letra "S" são... **Instruções:** "Vou chamar um por um aqui e vou dizer o começo de uma frase para ser completada com a maior quantidade de itens possíveis durante 30 segundos. Por exemplo, se eu disser a frase: "Qualidades que posso dizer sobre uma pessoa é...[bonita, querida, amiga, simpática, caprichosa, estudiosa, amorosa, legal, tranquila, esperta, inteligente, sincera, etc" Não pode repetir o que já foi dito, por isso precisa lembrar do que já falou. Vamos começar!".

Helena enfatizou que, naquele momento, a colaboração de todos seria fundamental, e aproveitou a oportunidade para comunicar que a escola poderia investir também em planos interventivos estruturados, tais como o PECC (Programa de Estimulação Cognitiva da Clickneurons), PENcE (Programa de estimulação neuropsicológica da cognição em escolares), entre outros. Até passou para Dona Armênia uma lista com alguns programas que a escola pode adotar para estimular as habilidades de aprendizagem.

Tabela 5.2 Programa de estimulação cognitiva Clickneurons.

Atenção: 50 tarefas cognitivas para intervenção[17]	De 6 a 9 anos	Atenção
Consciência Fonológica: 50 tarefas cognitivas para intervenção[18]	De 6 a 9 anos	Consciência Fonológica
Controle Inibitório: 50 tarefas cognitivas para intervenção[19]	De 6 a 9 anos	Controle Inibitório
Discriminação Visual: 50 tarefas cognitivas para intervenção[20]	De 6 a 9 anos	Discriminação Visual
Flexibilidade Cognitiva: 50 tarefas cognitivas para intervenção[21]	De 6 a 9 anos	Flexibilidade Cognitiva

---

[17] HENNEMANN, A.; EUGENIO, T. **Atenção:** 50 tarefas cognitivas para intervenção. São Paulo: Ed. dos Autores, 2023.

[18] HENNEMANN, A.; EUGENIO, T. **Consciência Fonológica:** 50 tarefas cognitivas para intervenção. São Paulo: Ed. dos Autores, 2023.

[19] HENNEMANN, A.; EUGENIO, T. **Controle Inibitório:** 50 tarefas cognitivas para intervenção. São Paulo: Ed. dos Autores, 2023.

[20] HENNEMANN, A.; EUGENIO, T. **Discriminação Visual:** 50 tarefas cognitivas para intervenção. São Paulo: Ed. dos Autores, 2023.

[21] HENNEMANN, A.; EUGENIO, T. **Flexibilidade Cognitiva:** 50 tarefas cognitivas para intervenção. São Paulo: Ed. dos Autores, 2023.

(continua)

Habilidades Gerais: 50 tarefas cognitivas para intervenção[22]	De 6 a 9 anos	Habilidades Gerais
Matemática: 50 tarefas cognitivas para intervenção[23]	De 6 a 9 anos	Matemática
Memória de Aprendizagem: 50 tarefas cognitivas para intervenção[24]	De 6 a 9 anos	Memória

Segunda camada do RTI: intervenção em pequenos grupos

Depois de dois meses, finalizou-se o programa de intervenção e os alunos foram submetidos novamente às avaliações de rastreio das habilidades cognitivas. Dos sete alunos que apresentavam baixo desempenho, quatro tiveram melhoras significativas. No entanto, três alunos não obtiveram êxito. Dra. Helena, então, conversou com o professor responsável e comunicou que esses alunos deveriam ter um atendimento mais focado. Em comum acordo com o professor, os três alunos foram submetidos a uma nova sequência de atividades interventivas, representando a camada 2 do método de RTI, mais específica e com maior frequência e intensidade de treino, no caso, três sessões semanais. Em seguida, a Dra. Helena separou as avaliações realizadas por esses três alunos e dedicou mais tempo para compreender cada caso específico, iniciando um processo de investigação que ativaria outro profissional especializado: o neuropsicopedagogo clínico.

---

[22] HENNEMANN, A.; EUGENIO, T. **Habilidades Gerais:** 50 tarefas cognitivas para intervenção. São Paulo: Ed. dos Autores, 2023.

[23] HENNEMANN, A.; EUGENIO, T. **Matemática:** 50 tarefas cognitivas para intervenção. São Paulo: Ed. dos Autores, 2023.

[24] HENNEMANN, A.; EUGENIO, T. **Memória de Aprendizagem:** 50 tarefas cognitivas para intervenção. São Paulo: Ed. dos Autores, 2023.

Resumo Executivo

- O capítulo aborda a criação de um plano de intervenção para melhorar o desempenho acadêmico dos alunos, especialmente aqueles com dificuldades em leitura e escrita. A Dra. Helena e o professor Marcos discutiram a importância de um ambiente de aprendizagem estimulante e diversificado. Eles exploraram estudos clássicos, que demonstram como a qualidade dos estímulos pode impactar o desenvolvimento cognitivo.

- A Dra. Helena apresentou o conceito do efeito Mateus, destacando a importância de intervenções precoces para garantir um bom começo na alfabetização. Por meio de exemplos práticos e atividades lúdicas, o capítulo mostrou como a diversificação das estratégias de ensino pode estimular diferentes áreas do cérebro e promover a aprendizagem significativa.

- O modelo de Intervenção em Três Níveis (RTI) foi discutido como uma abordagem eficaz para identificar e atender às necessidades dos alunos. O plano de intervenção proposto inclui atividades específicas para melhorar as funções executivas, atenção e memória dos alunos, utilizando técnicas de *Design Thinking* e colaboração entre educadores.

- A importância de motivar e de repetir para a consolidação das memórias é destacada, com sugestões práticas para manter os alunos engajados e motivados. O capítulo conclui enfatizando o papel essencial do neuropsicopedagogo na orientação de práticas educacionais baseadas em evidências científicas e na criação de intervenções personalizadas para apoiar o desenvolvimento cognitivo e emocional dos alunos.

Autorregulagem da aprendizagem

O efeito Mateus destaca a importância de intervenções precoces, pois crianças que adquirem habilidades fundamentais antes da escolarização tendem a ter mais _____ e progresso no processo de _____.

A diversificação das estratégias de ensino, como o uso de jogos, debates e paródias, pode aumentar a _____ e o _____ dos alunos.

A criação de um ambiente de aprendizagem estimulante e diversificado ajuda a formar novas _____ e _____ no cérebro das crianças.

O modelo de Intervenção em Três Níveis (RTI) é eficaz para identificar e atender às necessidades dos alunos, oferecendo intervenções em _____, _____ e _____.

A motivação é essencial para a aprendizagem, ativando o sistema cerebral de _____ e aumentando o _____ dos alunos pelas atividades acadêmicas.

CAPÍTULO 6

RASTREIO DOS PROCESSOS COGNITIVOS NA CLÍNICA

- Como a avaliação neuropsicopedagógica clínica pode fornecer um mapa cognitivo detalhado para intervenções personalizadas?

- Como a colaboração interdisciplinar entre professores, neuropsicopedagogos e neuropediatras pode transformar a educação?

- Como as estratégias de ensino podem ser adaptadas para alunos com TDAH para maximizar seu potencial de aprendizagem?

- Quais são os principais benefícios de um rastreio cognitivo detalhado para identificar dificuldades de aprendizagem em crianças?

*A educação não é a aprendizagem de fatos,
mas o treinamento da mente para pensar.*

Albert Einstein

Helena propôs que os casos fossem compartilhados com um neuropsicopedagogo clínico para uma avaliação mais aprofundada. Ela organizou um relatório de sondagem detalhado sobre cada um dos alunos, e orientou os pais para que eles buscassem auxílio desse profissional para uma avaliação mais criteriosa. Esse passo adicional visava garantir que qualquer problema subjacente que pudesse influenciar o desempenho dos alunos fosse identificado e abordado com estratégias especializadas e focadas.

Terceira camada do RTI: intervenção intensiva

Este capítulo destaca a importância do *setting* clínico como um espaço e caminho neuroeducativo valioso para estudantes que necessitam de uma atenção mais intensiva e especializada, que vá além do proporcionado exclusivamente no ambiente escolar. Nosso objetivo não é apresentar estudos de caso detalhados, mas relatar de forma rápida e didática histórias reais de alunos que passam por essa jornada durante a terceira camada do processo de RTI – proposta de intervenção sugerida nos principais documentos de educação de diversos países. Mais uma vez, para preservar a identidade das crianças, trocamos o nome dos personagens.

Acreditamos que, ao entender e integrar essas práticas, os educadores podem oferecer uma educação equitativa e inclusiva, que reconhece e atende às diversas necessidades dos alunos, promovendo um desenvolvimento educacional mais completo e eficaz. Estudos mostram que abordagens integradas, que consideram os aspectos cognitivos, emocionais e sociais dos alunos são fundamentais para uma educação de qualidade. Dessa forma, o arco de nossa tese se fecha quando a escola percebe que há casos que ela não resolve sozinha, necessitando do auxílio de profissionais especialistas, como neuropediatras, neuropsicopedagogos clínicos, psicólogos, entre outros. A colaboração interdisciplinar é essencial para identificar e atender às necessidades individuais dos alunos, promovendo um ambiente de aprendizagem mais holístico e eficaz.[1]

Os autores desta obra apresentam sua visão de uma educação integrada e marcada pelo protagonismo, em que diferentes atores da "aldeia moderna" participam ativamente da criação e do desenvolvimento do nosso futuro como espécie e sociedade. Essa visão está alinhada com as teorias contemporâneas de educação, que defendem a importância de um trabalho colaborativo e interdisciplinar para enfrentar os desafios educacionais modernos.[2] Assim, promovemos uma educação que visa a transferência de conhecimento e o desenvolvimento integral dos alunos, capacitando-os a enfrentar um mundo em constante mudança, com pensamento crítico e habilidades socioemocionais robustas.[3]

---

[1] JENSEN, E. **Brain-based learning**: the new paradigm of teaching. Corwin Press, 2008. SOUSA, D. A. **How the brain learns**. Corwin Press, 2001.

[2] FULLAN, M. **The new meaning of educational change**. Teachers College Press, 2001.

[3] DARLING-HAMMOND, L. et al. Implications for educational practice of the science of learning and development. **Applied Developmental Science**, 24(2), 97-140, 2020.

Desafios atencionais de Ricardo

Ricardo, um estudante de oito anos do 2º ano do ensino fundamental, enfrentava dificuldades de atenção que impactavam seu rendimento escolar. Ele não teve um bom desempenho nas avaliações de rastreio da turma. Também não foi observado um ganho significativo de habilidades imprescindíveis e preditoras da alfabetização durante a intervenção criada pelos educadores, sob a supervisão da Dra. Helena. Ele, então, foi encaminhado para uma avaliação clínica, a fim de identificar e entender as causas dessas dificuldades e buscar estratégias para superá-las.

Avaliação das habilidades cognitivas

Diversos testes foram aplicados para avaliar as funções executivas, memória, linguagem, habilidades matemáticas e discriminação visual de Ricardo. Ele novamente teve suas habilidades cognitivas analisadas com auxílio das Avaliações de Rastreio do Programa Educacional Neurons (ARPENs). A rota amarela, que avalia a atenção, indicou que sua atenção alternada estava abaixo do esperado, e que a impulsividade prejudicava seu desempenho. Observe a variedade de habilidades que compõem essa habilidade tão necessária no ambiente escolar. Perceba que há diferentes tipos de **atenção**, e, para além dela, há a flexibilidade cognitiva e o controle inibitório, que serão abordados de forma mais aprofundada no Volume 2 desta coleção.

CAPÍTULO 6 • Rastreio dos processos cognitivos na clínica 171

Habilidade	Valor	Média
Atenção seletiva	4.9	ACIMA
Atenção sustentada	4.2	ACIMA
Atenção alternada	2.9	ABAIXO
Controle inibitório	4.0	NA MÉDIA
Flexibilidade cognitiva	3.5	NA MÉDIA

ROTA AMARELA
Avaliação de Rastreio do Programa Educacional Neurons

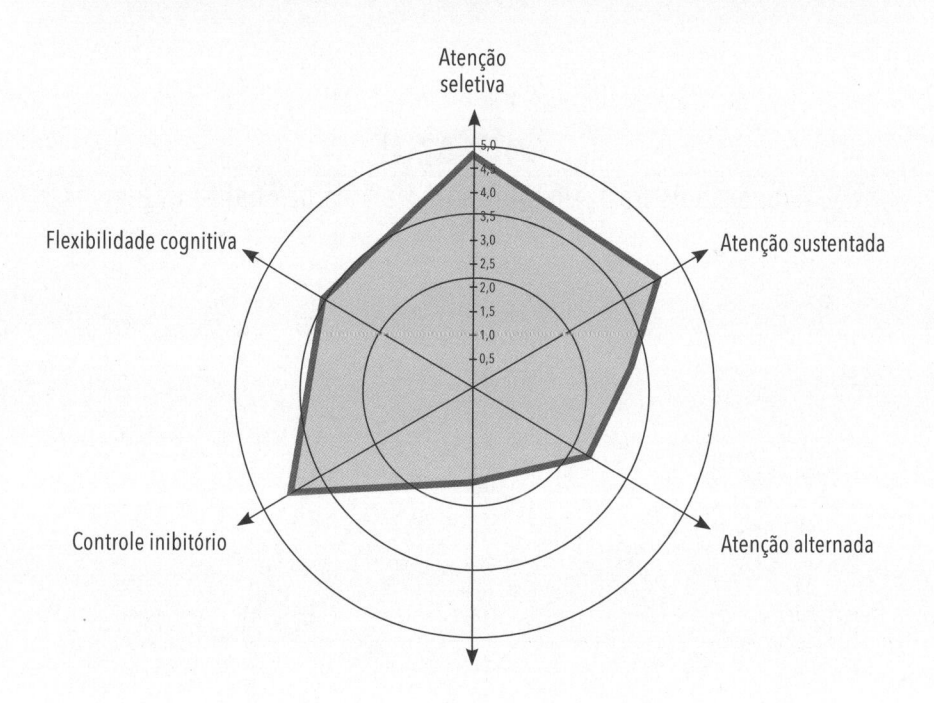

Olhe que curioso: em relação à **memória,** Ricardo demonstrou habilidades excepcionais de memória auditiva e memória de curto prazo fonológica, classificando-se muito acima da média para sua idade.

Habilidade	Valor	Média
Memória visual imediata	3.0	NA MÉDIA
Memória visual tardia	5.0	ACIMA
Memória auditiva imediata	5.0	ACIMA
Memória auditiva tardia	5.0	ACIMA
Memória visuoespacial	3.0	NA MÉDIA
Memória de reconhecimento visual	5.0	ACIMA
Memória de reconhecimento auditiva	3.0	NA MÉDIA

ROTA AZUL
Avaliação de Rastreio do Programa Educacional Neurons

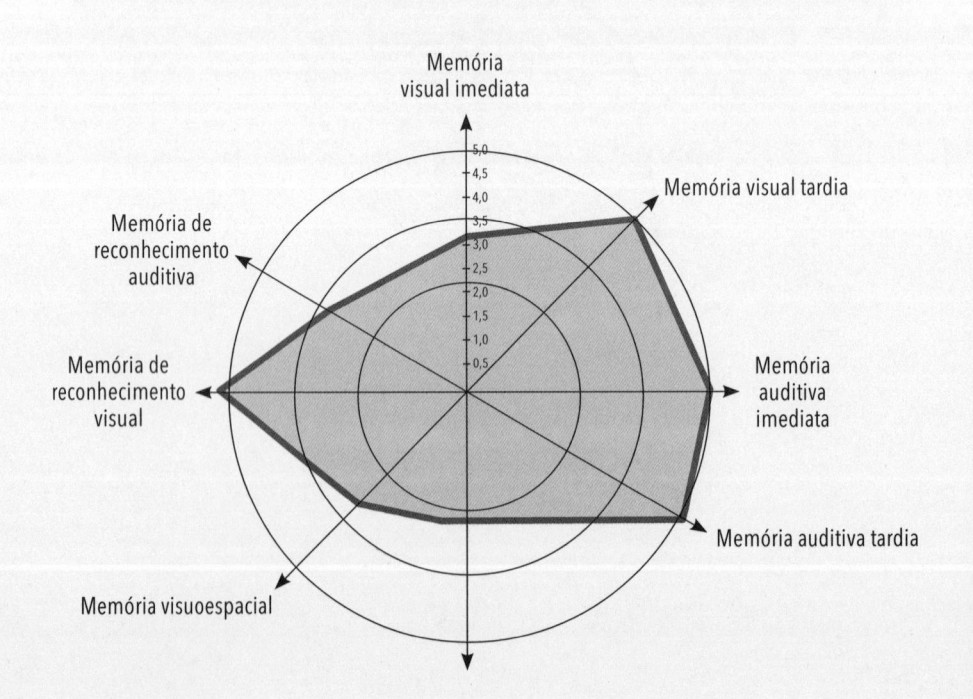

Na avaliação de **planejamento**, Ricardo mostrou habilidades adequadas para iniciar e concluir tarefas, embora tenha dificuldade com raciocínio lógico, provavelmente devido a problemas de atenção.

Habilidade	Valor	Média
Organização	5.0	ACIMA
Planejar ações	4.8	ACIMA
Sequenciar ações	3.0	NA MÉDIA
Antecipar ações	5.0	ACIMA
Raciocínio lógico	2.0	ABAIXO

ROTA VERDE
Avaliação de Rastreio do Programa Educacional Neurons

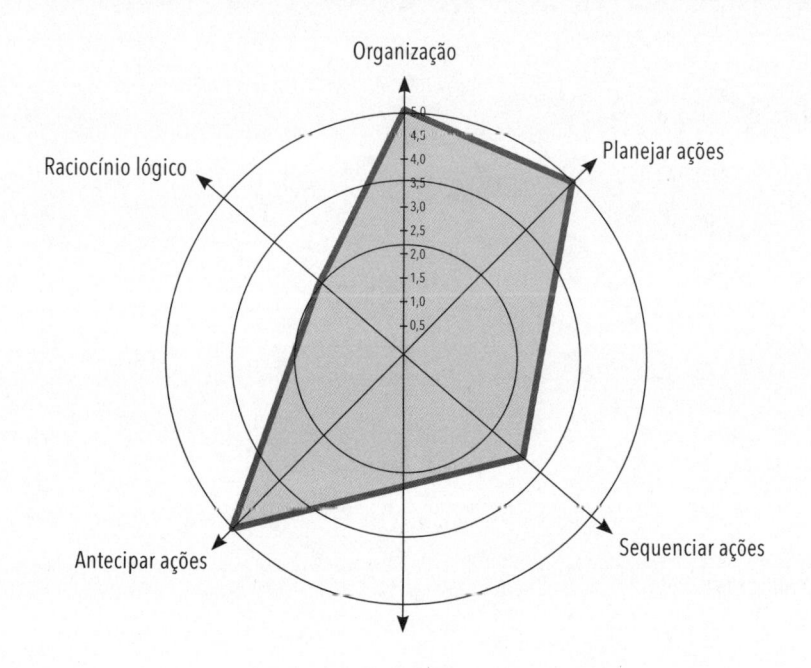

Em relação à **Matemática**, o desempenho foi dentro do esperado para sua idade, com um bom entendimento das habilidades matemáticas avaliadas.

Habilidade	Valor	Média
Magnitude não simbólica	5.0	ACIMA
Noção de magnitude simbólica	5.0	ACIMA
Representação simbólica da magnitude	3.0	NA MÉDIA
Contagem numérica	4.0	NA MÉDIA
Valor posicional	5.0	ACIMA
Transcodificação numérica	5.0	ACIMA
Fato numérico	5.0	ACIMA
Resolução de problemas	4.0	NA MÉDIA

ROTA VERMELHA
Avaliação de Rastreio do Programa Educacional Neurons

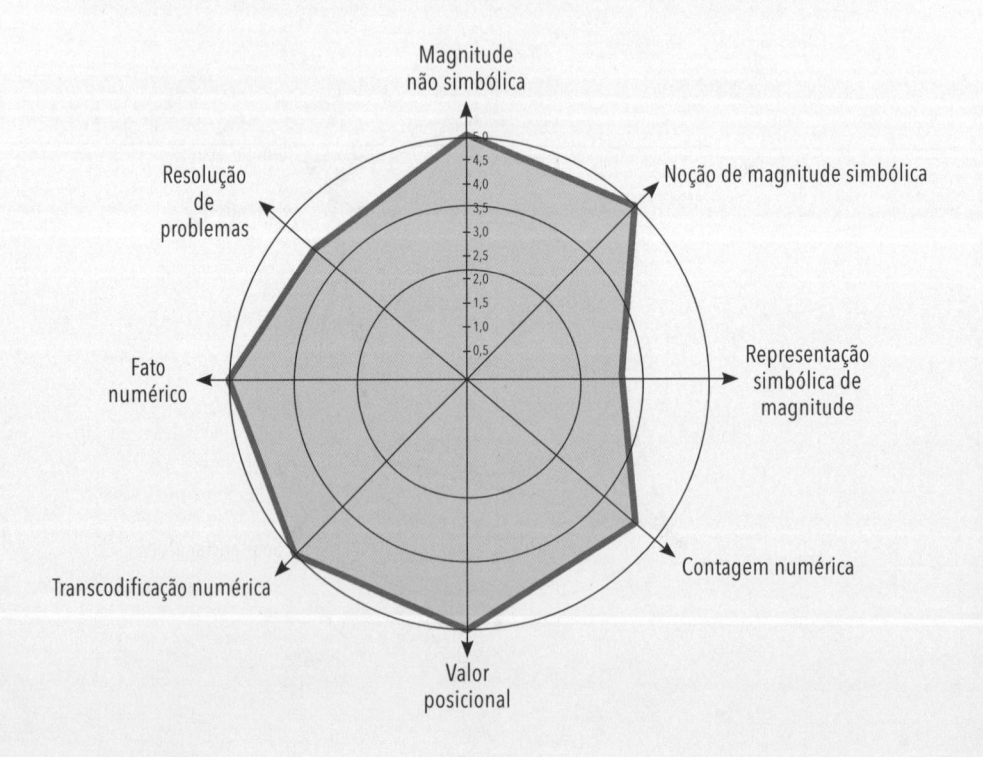

Outro dado curioso detectado foi que Ricardo apresentou excelente desempenho na avaliação de **discriminação visual**.

Habilidade	Valor	Média
Discriminação visual	5.0	ACIMA
Orientação visuoespacial	5.0	ACIMA
Percepção figura-fundo	5.0	ACIMA
Percepção visual semântica	5.0	ACIMA
Análise e síntese	5.0	ACIMA
Rotação visuoespacial	5.0	ACIMA

ROTA TURQUESA
Avaliação de Rastreio do Programa Educacional Neurons

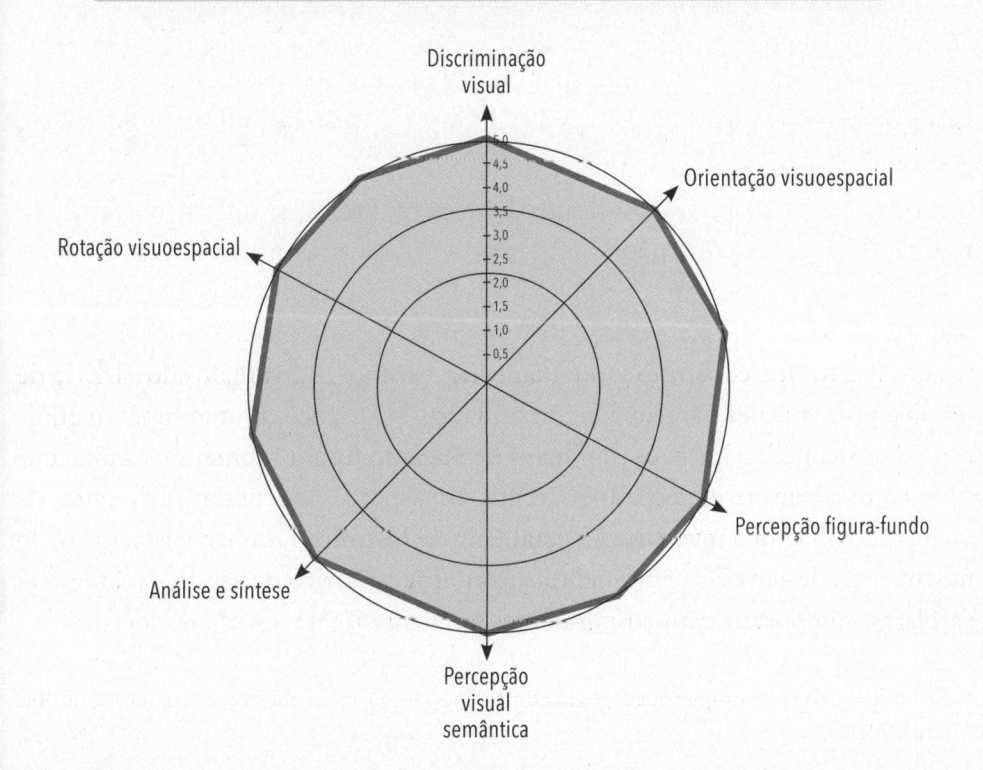

Aprendizagens da história de Ricardo

No contexto educacional, é necessário que os professores compreendam não apenas o que ensinam, mas como seus alunos aprendem. A história de Ricardo exemplifica perfeitamente essa necessidade. Ricardo enfrenta desafios significativos em sala de aula, principalmente relacionados à sua capacidade de alternar a atenção entre diferentes tarefas, um componente crítico do raciocínio lógico e do sucesso acadêmico.

Com a aplicação de uma avaliação detalhada dos processos cognitivos, descobriu-se que, embora Ricardo tivesse uma boa atenção sustentada, sendo capaz de se concentrar em uma atividade por longos períodos, sua atenção alternada estava comprometida. Isso significa que ele tinha dificuldade em mudar o foco de uma tarefa para outra de forma eficiente. Essa dificuldade era evidente na resolução de problemas matemáticos que envolviam cálculos de adição e de subtração no mesmo problema, ou seja, ele não conseguia perceber que houve alteração na ordem do cálculo, e também na realização de cópia do quadro, pois, às vezes, é preciso olhar para o quadro, guardar a informação e, ao mesmo tempo, fazer a escrita do conteúdo no caderno.

A impulsividade de Ricardo também era um desafio, pois frequentemente essa característica interferia em sua capacidade de parar e pensar antes de agir, um aspecto fundamental do controle inibitório. Por exemplo, em atividades em grupo, ele poderia rapidamente passar de uma tarefa para outra sem completá-las adequadamente, ou responder a perguntas sem refletir plenamente, resultando em erros que poderiam ter sido evitados com mais reflexão.

A compreensão desses desafios foi essencial para desenvolver estratégias pedagógicas específicas para ajudar Ricardo, permitindo a inserção dos dados coletados na futura construção do Plano de Ensino Individualizado (PEI), de modo a propor ações para auxiliar o estudante. No espaço de atendimento clínico neuropsicopedagógico, os familiares de Ricardo foram submetidos a uma entrevista de anamnese, retratando todos os aspectos de desenvolvimento da criança, ou seja, uma investigação detalhada do histórico familiar, gestacional, do nascimento, desenvolvimento neuropsicomotor, histórico de saúde, experiências escolares, comportamento em diferentes ambientes (casa, escola ou social).[4]

---

[4] RUSSO, R. M. T. **Neuropsicopedagogia clínica**: introdução, conceitos, teoria e prática. Curitiba: Juruá, 2018.

As seis sessões de atendimento clínico de Ricardo envolveram o uso de testes padronizados, qualitativos e observações comportamentais. Para a escola e para a família, foram enviadas escalas de investigação do comportamento da criança, para que o clínico tivesse um amplo repertório de coleta de dados para analisar no momento de concluir a avaliação. No final do processo de avaliação neuropsicopedagógico, a família foi orientada a realizar uma consulta com o neuropediatra e levar o Relatório de Avaliação Neuropsicopedagógico (RAN).

Ricardo realizou avaliações no ambiente multiprofissional durante dois meses, e no final do processo avaliativo, a família trouxe para a escola o laudo emitido pelo neuropediatra, evidenciando o Déficit de Atenção por Hiperatividade/Impulsividade predominantemente desatento. Com o laudo, a família trouxe orientações para a escola (Quadro 6.1) provenientes da Neuropsicopedagogia, contribuindo, dessa forma, para que os profissionais da área institucional pudessem implementar estratégias educacionais e de manejo comportamental mais adequadas, promovendo um ambiente de aprendizagem inclusivo e favorável ao desenvolvimento de Ricardo.

Quadro 6.1 Orientações para a escola referentes ao aluno Ricardo.

1. **Estimule a organização:** oriente o aluno a deixar a mesa escolar organizada e apenas com os recursos que serão utilizados naquele período.

2. **Minimize os distratores:** procure sentar o aluno próximo ao professor, porém, longe de distratores, tais como janelas e portas em que seja possível visualizar alunos de outras turmas circulando.

3. **Solicite a verbalização dos enunciados:** peça à criança que tente explicar com as próprias palavras as orientações dadas quanto à execução das tarefas.

4. **Priorize partes das tarefas:** divida as atividades em partes menores e disponibilize ao aluno à medida em que ele vai terminando a anterior.

5. **Ensine técnicas de autorregulação:** faça uso de técnicas de autorregulação para que ele volte a focar a atenção assim que perceber que está desatento, por exemplo: contar de 10 até 1.

6. **Use sinais visuais:** utilize sinais visuais ou cartões de cores para indicar quando o aluno precisa focar, mudar de atividade ou verificar se está seguindo as instruções corretamente.

(continua)

> 7. **Estabeleça uma rotina clara:** crie e mantenha uma rotina diária consistente. Isso ajudará o aluno a prever o que acontecerá em seguida, reduzindo a ansiedade e aumentando a concentração.
>
> 8. **Ofereça pausas frequentes:** inclua pausas curtas e programadas durante o período escolar para que o aluno se levante, se alongue e libere a energia acumulada, o que pode ajudar a melhorar a concentração no retorno às atividades.
>
> 9. *Feedback* **positivo imediato:** dê *feedback* positivo imediato e específico sempre que o aluno demonstrar foco e completar tarefas, reforçando o comportamento desejado e incentivando a repetição.
>
> 10. **Utilize recursos multimodais:** apresente o conteúdo usando diferentes recursos, como vídeos, imagens, música e atividades práticas para manter o aluno engajado e facilitar a compreensão e a retenção do material.
>
> **Exemplo prático:** implemente um sistema em que o aluno ganhe pontos por períodos de foco e conclusão de tarefas, podendo trocar esses pontos por pequenas recompensas ao final da semana. Isso pode servir como motivação adicional para manter a atenção durante as atividades escolares.

A neuropsicopedagoga clínica também trouxe orientações para os pais, sugerindo algumas ações para que Ricardo conseguisse obter melhor êxito em sua aprendizagem (Quadro 6.2):

Quadro 6.2 Orientações para os familiares de Ricardo.

> 1. **Estabeleça rotinas**: crie uma rotina diária clara e consistente para horários de estudo, refeições e sono. A previsibilidade ajuda a reduzir a ansiedade e melhorar o foco.
>
> 2. **Organização do ambiente**: mantenha o espaço de estudo organizado e livre de distrações. Use caixas e organizadores para manter os materiais escolares e brinquedos arrumados.

(continua)

3. **Tarefas em pequenos passos**: divida as tarefas grandes em pequenas etapas, ajudando a criança a se concentrar em uma coisa de cada vez e a sentir um senso de realização ao completar cada etapa.

4. **Reforço positivo**: elogie e recompense comportamentos positivos e esforços, não apenas resultados. Use um sistema de pontos ou recompensas para incentivar comportamentos desejados.

5. **Pausas regulares**: permita pausas regulares durante os períodos de estudo ou atividades. Pequenos intervalos para se movimentar podem ajudar a melhorar o foco quando a criança retorna à tarefa.

6. **Modelagem de comportamento**: seja um exemplo de comportamento organizado e focado. Crianças aprendem observando os adultos, então demonstre como você lida com suas próprias tarefas e responsabilidades.

7. **Atividades físicas**: incentive a prática regular de atividades físicas, que ajudam a gastar energia acumulada e melhorar a concentração e o bem-estar geral.

8. **Práticas *mindfulness***: incentive as práticas de desenvolvimento da atenção plena, pois elas ajudam a focar a atenção.

9. **Sono adequado**: estabeleça uma rotina de sono regular e adequada para garantir que a criança tenha descanso suficiente, o que é essencial para a atenção e o comportamento.

10. **Comunicação aberta**: mantenha uma comunicação aberta e positiva com a criança. Escute suas preocupações e sentimentos, e trabalhem juntos para encontrar soluções para os desafios.

Exemplo prático: implemente um "Quadro de Tarefas", em que a criança possa visualizar suas responsabilidades diárias e marcar as tarefas concluídas. Ao final da semana, celebre as conquistas com uma atividade especial em família, como um passeio ou um jogo, para reforçar positivamente o cumprimento das rotinas e responsabilidades.

Intervenções simples, como a utilização de lembretes visuais para manter a atenção enquanto há alternância de tarefas, ou a implementação de uma abordagem passo a passo em problemas matemáticos, ajudaram significativamente a melhorar o desempenho de Ricardo. Além disso, treinamentos focados em controle inibitório, como jogos que exigem que ele pense antes de agir, foram incorporados à sua rotina diária. Os potenciais do estudante estavam nas habilidades de memória e discriminação visual, que permitiam criar estratégias que valorizassem essas habilidades, tais como: apresentações teatrais, saraus literários e leitura em voz alta para os colegas.

Com o acompanhamento adequado e as estratégias de intervenção, Ricardo está no caminho certo para superar seus desafios atencionais e impulsivos, aproveitando inicialmente suas potencialidades voltadas à memória, às habilidades matemáticas e discriminação visual, para que fosse possível desenvolver as habilidades que se mostravam prejudicadas. Dessa forma, será possível alcançar sucesso acadêmico e pessoal. A história de Ricardo é um exemplo inspirador de como a compreensão e o suporte contínuo podem transformar a experiência educacional de uma criança.

Desafios na aprendizagem da leitura e da escrita de Daniel

Daniel, um estudante de sete anos do 2º ano do ensino fundamental, enfrentava dificuldades de aprendizagem associadas ao TDAH. Apesar de fazer uso de Ritalina e receber intervenções pedagógicas orientadas pela Dra. Helena, suas dificuldades em alfabetização e a falta de persistência em tarefas desafiadoras continuavam. Daniel foi descrito como uma criança carinhosa e inteligente, mas que precisava melhorar a aceitação de novas situações e aprender a lidar com a frustração. Ele enfrenta dificuldades de aprendizagem desde a educação infantil, que se estendem até o segundo ano do ensino fundamental. Daniel também apresenta dificuldades em lembrar detalhes de histórias e eventos escolares, além de mostrar auto desregulação quando perde nos jogos.

Avaliação das habilidades cognitivas

Embora a criança já tenha um laudo que descreve seu transtorno (TDAH), ainda assim era importante verificar quais habilidades cognitivas implicavam em seu processo de aprendizagem, correlacionados às funções executivas, memória, linguagem, habilidades matemáticas e discriminação visual. Por exemplo, na Avaliação de Rastreio do Programa Educacional Neurons (ARPEN) – **Rota Amarela,** Daniel mostrou habilidades atencionais de controle inibitório e flexibilidade cognitiva dentro do esperado.

Habilidade	Valor	Média
Atenção seletiva	5.0	ACIMA
Atenção sustentada	3.2	NA MÉDIA
Atenção alternada	3.7	NA MÉDIA
Controle inibitório	4.0	NA MÉDIA
Flexibilidade cognitiva	3.0	NA MÉDIA

ROTA AMARELA
Avaliação de Rastreio do Programa Educacional Neurons

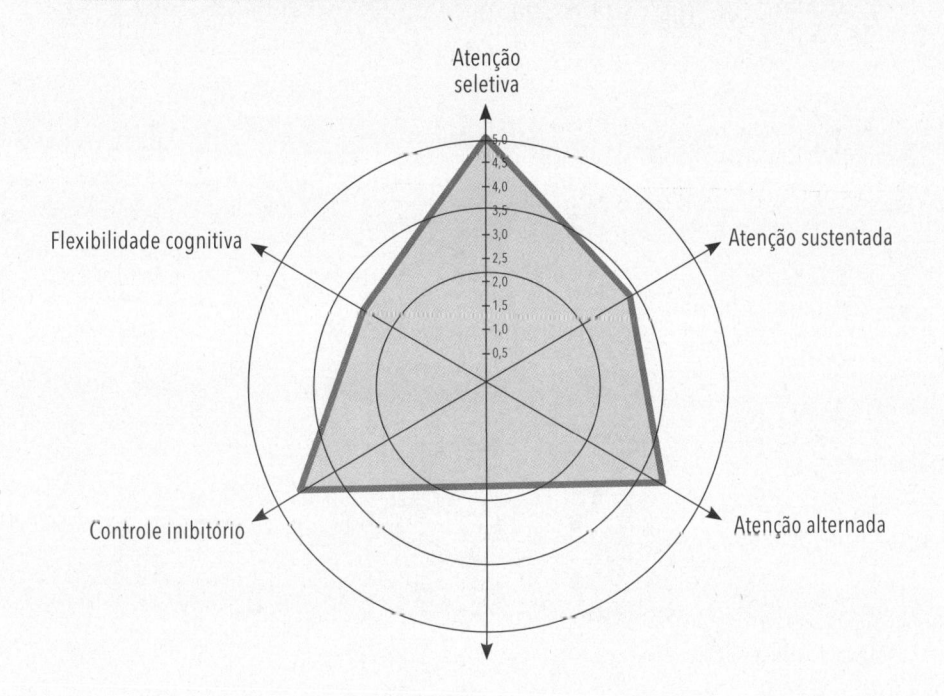

Já os testes de **memória** revelaram que Daniel tinha dificuldades significativas em memória visuoespacial e memória auditiva de curto prazo. Sua avaliação indicou prejuízos na retenção de informações auditivas recentes, especialmente à medida que as demandas aumentavam.

Habilidade	Valor	Média
Memória visual imediata	4.5	ACIMA
Memória visual tardia	4.0	NA MÉDIA
Memória auditiva imediata	1.0	ABAIXO
Memória auditiva tardia	2.0	ABAIXO
Memória visuoespacial	2.0	ABAIXO
Memória de reconhecimento visual	3.0	NA MÉDIA
Memória de reconhecimento auditiva	1.0	ABAIXO

ROTA AZUL
Avaliação de Rastreio do Programa Educacional Neurons

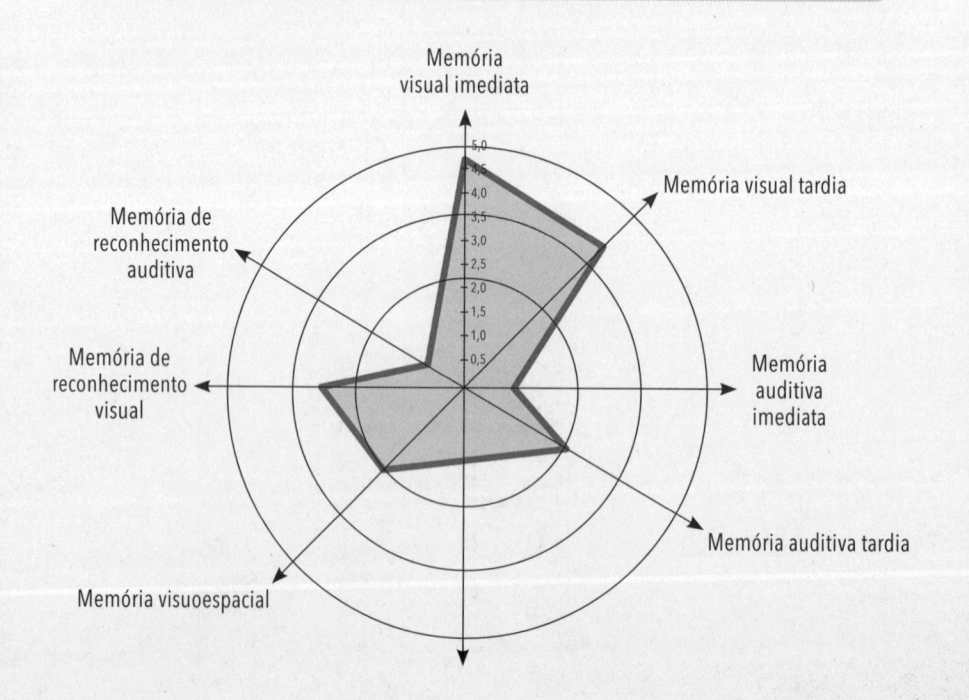

Na ARPEN – Rota Verde, estruturada para investigar as funções de **planejamento**, Daniel mostrou dificuldades em organização, sequenciação e raciocínio lógico, realizando muitas tarefas por tentativa e erro.

Habilidade	Valor	Média
Organização	1.7	ABAIXO
Planejar ações	3.0	NA MÉDIA
Sequenciar ações	0.0	ABAIXO
Antecipar ações	5.0	ACIMA
Raciocínio lógico	2.0	ABAIXO

ROTA VERDE
Avaliação de Rastreio do Programa Educacional Neurons

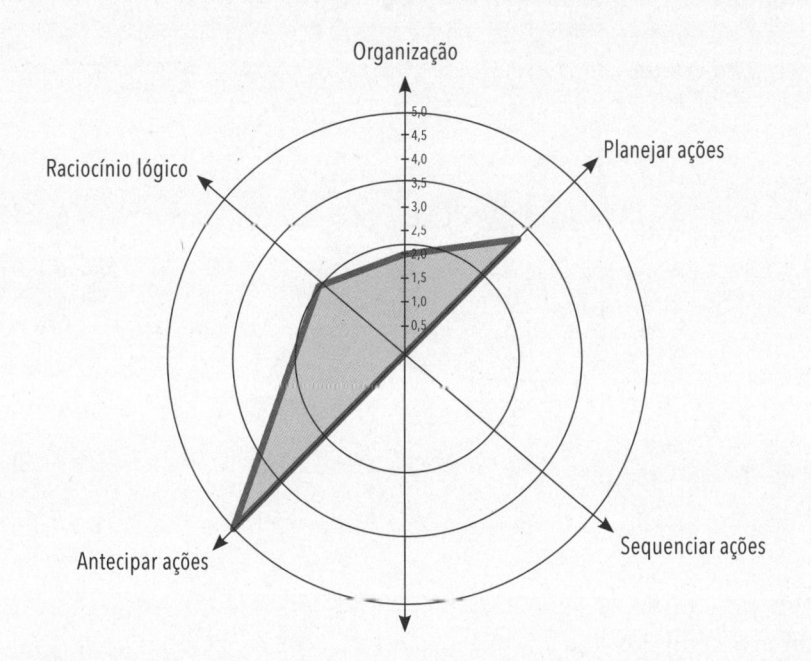

Na avaliação de **leitura e escrita**, Daniel apresentou dificuldades na identificação de sílabas finais das palavras, além de dificuldade na escrita das palavras.

Habilidade	Valor	Média
Distinguir letras e símbolos	0.0	ABAIXO
Identificar quantidade de letras	5.0	ACIMA
Discriminação fonêmica inicial	1.0	ABAIXO
Discriminação silábica	4.0	NA MÉDIA
Discriminação fonêmica	5.0	ACIMA
Discriminação silábica inicial	4.0	NA MÉDIA
Discriminação de rimas ou sílaba final	5.0	ACIMA

ROTA VIOLETA
Avaliação de Rastreio do Programa Educacional Neurons

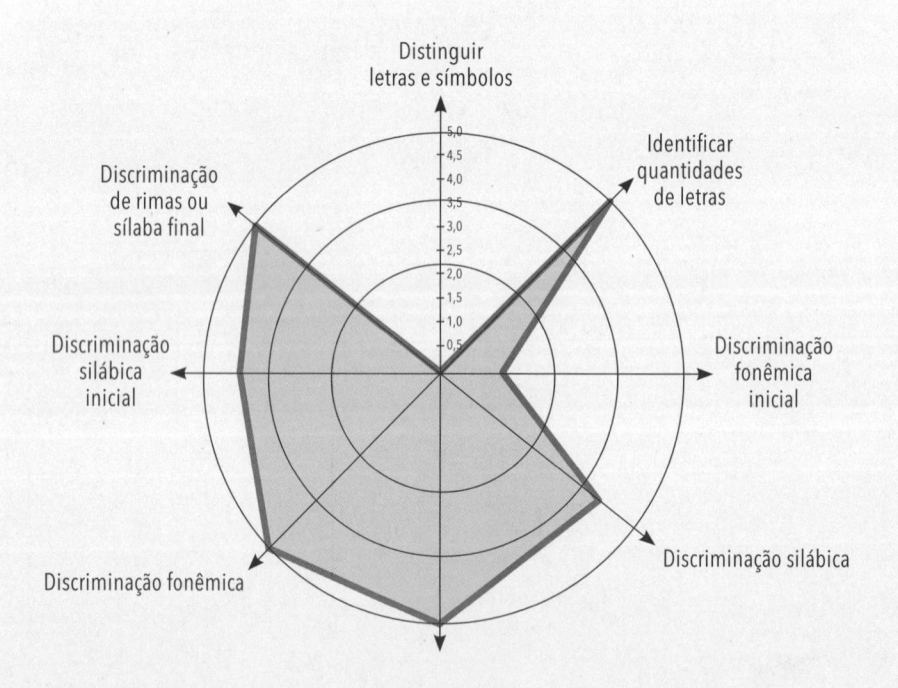

Embora Daniel tenha preservado o senso numérico básico, obtendo desempenho na média em **habilidades matemáticas**, seu comportamento nas tarefas escolares era de resistência em fazer as atividades matemáticas, muitas vezes precisando de diálogo e incentivo para completar as tarefas.

Habilidade	Valor	Média
Magnitude não simbólica	4.0	NA MÉDIA
Noção de magnitude simbólica	4.0	NA MÉDIA
Representação simbólica da magnitude	3.0	NA MÉDIA
Contagem numérica	4.0	NA MÉDIA
Valor posicional	4.0	NA MÉDIA
Transcodificação numérica	4.0	NA MÉDIA
Fato numérico	5.0	ACIMA
Resolução de problemas	3.0	NA MÉDIA

ROTA VERMELHA
Avaliação de Rastreio do Programa Educacional Neurons

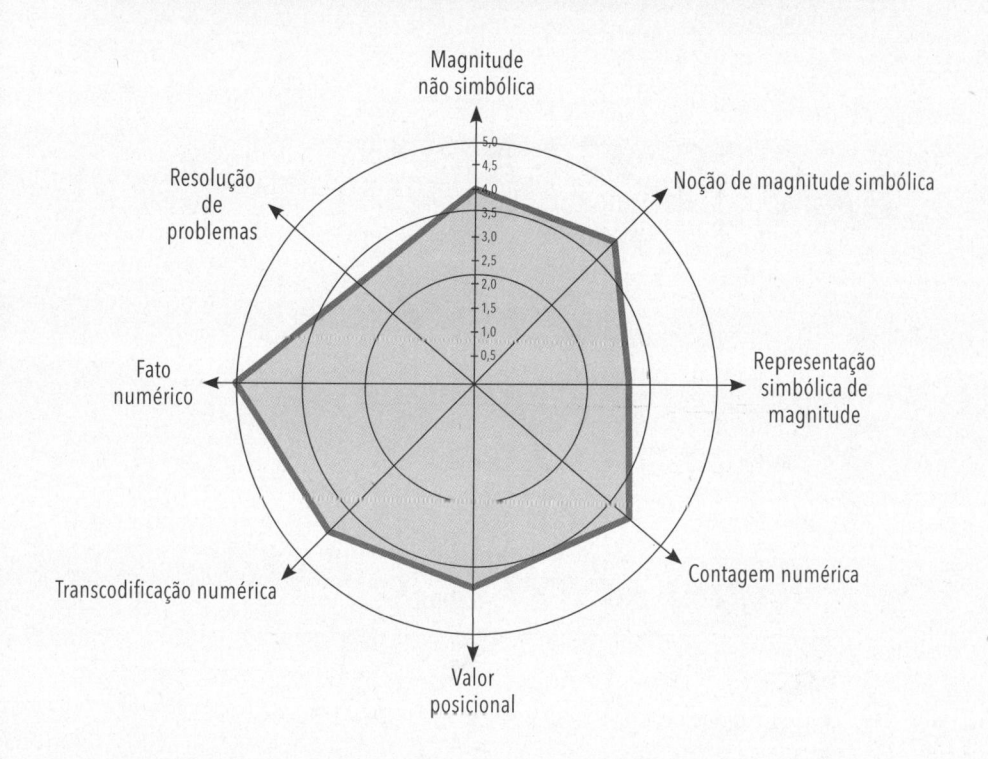

Na avaliação de **habilidades gerais**, Daniel mostrou dificuldades em habilidades básicas de conservação de comprimento, ou seja, entender que determinados objetos podem ter diferentes formatos, mas apresentarem a mesma extensão. Tal habilidade pode refletir tanto na aprendizagem da matemática quanto de leitura e escrita, por exemplo: entender que há possibilidade de manipular as letras, sílabas e sons das palavras de modo a formar novas escritas. Na inclusão de classes, engloba a questão de entendimento de que, dentro de uma mesma palavra, pode ocorrer a formação de novas; e quanto ao esquema corporal, é necessária a estimulação de lateralidade.

Habilidade	Valor	Média
Conservação de quantidade	5.0	ACIMA
Conservação de comprimento	1.0	ABAIXO
Seriação	3.0	NA MÉDIA
Classificação	4.5	ACIMA
Inclusão de classes	0.0	ABAIXO
Posição	3.0	NA MÉDIA
Esquema corporal	2.0	ABAIXO

ROTA LARANJA
Avaliação de Rastreio do Programa Educacional Neurons

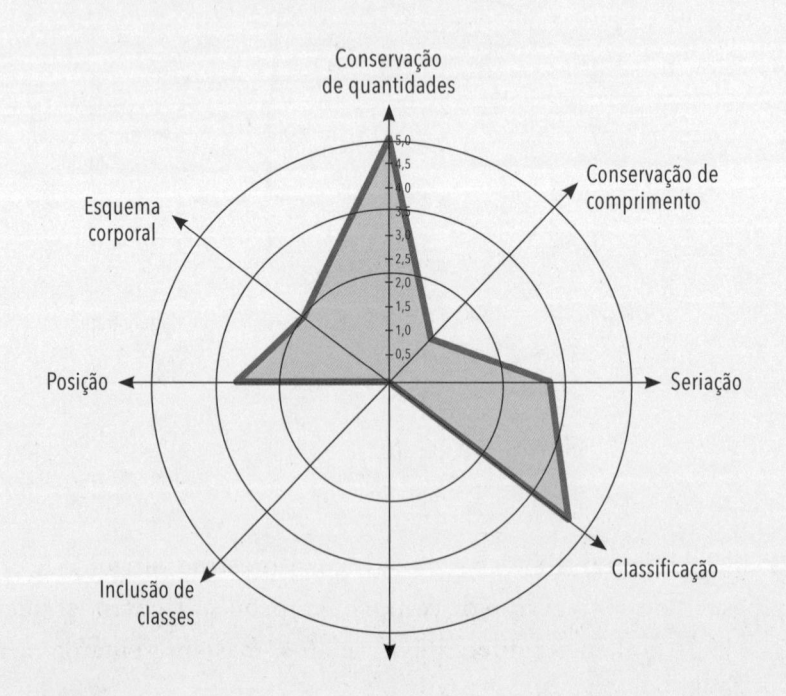

A avaliação de **discriminação visual** indicou prejuízos na análise, síntese e rotação visuoespacial, impactando o entendimento dos enunciados e a identificação de letras e números semelhantes.

Habilidade	Valor	Média
Discriminação visual	3.0	NA MÉDIA
Orientação visuoespacial	4.5	ACIMA
Percepção figura-fundo	5.0	ACIMA
Percepção visual semântica	4.0	NA MÉDIA
Análise e síntese	3.0	NA MÉDIA
Rotação visuoespacial	2.0	ABAIXO

ROTA TURQUESA
Avaliação de Rastreio do Programa Educacional Neurons

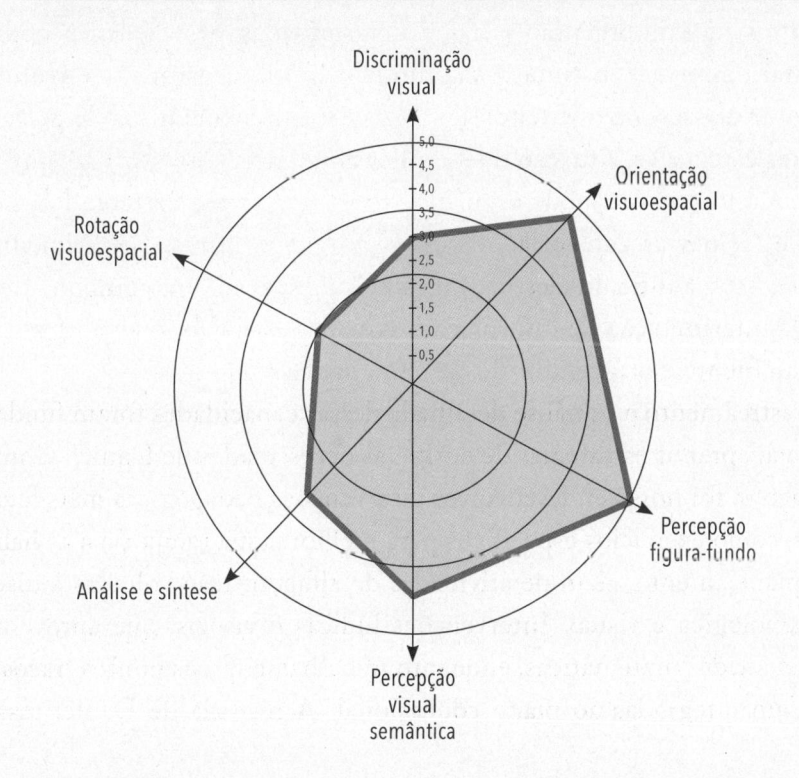

Aprendizagens da história de Daniel

O rastreamento dos processos cognitivos de Daniel revelou nuances importantes, que ajudaram a compreender melhor suas dificuldades, e proporcionaram a composição das habilidades cognitivas a serem desenvolvidas na futura construção do Plano Educacional Individualizado (PEI). Sua memória e habilidades de planejamento eram áreas de preocupação, pois ele apresentava dificuldade em organizar e sequenciar ações, o que impactava diretamente seu raciocínio lógico. Essas limitações se manifestavam na capacidade de lembrar detalhes de histórias e eventos, dificultando a retenção e a recuperação de informações.

No campo da alfabetização, Daniel enfrenta desafios significativos: ele tinha problemas para distinguir letras e sílabas, bem como para discriminar sílabas finais e identificar rimas. Essas dificuldades dificultavam seu progresso em leitura e escrita, habilidades fundamentais para o sucesso acadêmico.

Curiosamente, suas habilidades matemáticas não eram afetadas de maneira similar; no entanto, ele demonstrava dificuldades em conceitos de conservação de comprimento, inclusão de classes e esquema corporal, indicativos de desafios na compreensão de que determinadas propriedades podem se apresentar de formas distintas, mas, ainda assim, conservar sua estrutura. Na inclusão de classes, há o entendimento de que um elemento pode pertencer a diferentes categorias, situação que implica na compreensão de que, por exemplo, um mesmo animal pode estar incluso no grupo dos vertebrados, ser mamífero, e ter outras categorias distintas de outros animais. Adicionalmente, Daniel mostrava dificuldades na rotação visuoespacial, um componente crítico para a interpretação de informações visuais e espaciais, que afeta a navegação no ambiente e o aprendizado de matemática e ciências.

O rastreamento e a análise detalhada dessas capacidades foram fundamentais para adaptar as estratégias de ensino às necessidades de Daniel. Com essas informações, foi possível desenvolver intervenções pedagógicas mais focadas e eficazes, como exercícios específicos para melhorar sua memória e as habilidades de planejamento, além de atividades de alfabetização voltadas à discriminação fonológica e visual. Intervenções lúdicas e visuais, que aproveitassem suas capacidades matemáticas, enquanto trabalhassem seus pontos fracos, também foram integradas ao plano educacional. A história de Daniel ressalta a importância do diagnóstico preciso dos processos cognitivos para a criação de um ambiente educacional que não apenas atenda às necessidades de aprendizagem, mas que também promova o desenvolvimento integral do aluno.

No entanto, após a escola ter desenvolvido um bom projeto interventivo, o estudante não apresentou melhoras significativas. Diante disso, foi solicitado o encaminhamento para profissionais da área clínica, incluindo um neuropsicopedagogo clínico, que iniciou um novo processo de avaliação para investigar quais processos cognitivos estavam prejudicados e interferiam na aprendizagem da leitura. A criança precisou também do atendimento de uma fonoaudióloga e uma consulta ao neuropediatra. A equipe multidisciplinar ressaltou que, embora Daniel apresente baixo desempenho nas habilidades voltadas à leitura e à escrita, ele ainda está em período de alfabetização. No momento, sinalizaram fatores de risco à aprendizagem. Daniel não apresentou evidências de Transtorno Específico de Aprendizagem com prejuízo na leitura e/ou escrita, porém sinalizaram que há necessidade de intervenção intensiva para que possam minimizar as dificuldades evidenciadas.

As orientações repassadas para a escola pela neuropsicopedagoga clínica quanto ao auxílio de Daniel foram:

Quadro 6.3 Orientações para a escola referentes ao aluno Daniel.

1. **Ambiente de aprendizagem inclusivo**: crie um ambiente de sala de aula que valorize a diversidade e promova a inclusão. Evite qualquer forma de discriminação ou estigmatização, pois comparado com seus pares, a criança pode apresentar um menor desempenho.

2. **Instrução individualizada**: adapte o ensino às necessidades individuais do aluno, através de um Plano de Ensino Individualizado (PEI), para fornecer suporte adequado e focado.

3. **Recursos visuais e auditivos**: utilize recursos visuais e auditivos, como vídeos e gravações de áudio, para complementar as instruções escritas e facilitar a compreensão.

4. **Recursos tecnológicos**: incorpore ferramentas tecnológicas assistivas, como softwares de leitura e escrita, para apoiar o aluno nas tarefas escolares. Por exemplo: uso do aplicativo Graphogame, que se mostra um recurso eficaz para crianças com baixo desempenho na aprendizagem da leitura.

(continua)

> 5. **Leitura guiada**: realize sessões de leitura guiada, em que o professor ou um tutor lê em voz alta, enquanto a criança acompanha o texto, ajudando a melhorar a fluência e a compreensão. Caso ela diga que consegue ler determinadas palavras, incentive-a para que realize a leitura.
>
> 6. **Atividades multissensoriais**: use métodos multissensoriais que envolvam ver, ouvir, tocar e fazer para ensinar habilidades de leitura e escrita, tornando o aprendizado mais envolvente e eficaz.
>
> 7. *Feedback* **positivo e reforço**: ofereça *feedback* positivo constante e recompense o esforço e o progresso. Isso ajuda a construir confiança e motivação.

Do mesmo modo, para os pais de Daniel outras orientações foram dadas:

Quadro 6.4 Orientações para os familiares de Daniel.

> 1. **Leitura diária em casa**: reserve um tempo diário para ler com seu filho. Escolha livros que sejam interessantes para ele e tente fazê-lo nomear os objetos e identificar com qual som eles iniciam.
>
> 2. **Jogos de alfabetização**: incentive o uso de jogos educativos que focam em habilidades de leitura e escrita, como "alfabeto móvel" e aplicativos como "Graphogame".
>
> 3. **Atividades multissensoriais**: envolva seu filho em atividades que usem múltiplos sentidos, como escrever palavras na areia ou no arroz, usar letras magnéticas para formar palavras, e desenhar letras com os dedos.
>
> 4. **Reforço positivo**: elogie e recompense o esforço e o progresso do seu filho, destacando suas conquistas, por menores que sejam.
>
> 5. **Leitura interativa**: faça da leitura uma atividade interativa. Faça perguntas sobre a história, peça para seu filho prever o que acontecerá em seguida, e discuta os personagens e os eventos.
>
> 6. **Rotina de estudo consistente**: estabeleça uma rotina de estudo diária, incluindo um horário específico para a leitura e a escrita. A consistência ajuda a criança a saber o que esperar e a se preparar mentalmente.

(continua)

> 7. **Jogos de tabuleiro e cartas**: use jogos de tabuleiro e cartas que ajudam a desenvolver habilidades de linguagem e alfabetização, como "jogo da forca", ou tentar escrever a lista dos alimentos que precisam ser comprados no mercado.
>
> **Exemplo prático**: incentive a criança a participar de "jogos de rima" em família. Jogos de rima ajudam a desenvolver a consciência fonológica, o vocabulário e a habilidade de formar palavras. Além disso, torna o aprendizado divertido e oferece uma oportunidade para a família interagir e apoiar a criança de forma lúdica e educativa.

Ações familiares, sugeridas pelos terapeutas, tais como: contar histórias e solicitar recontos, e usar jogos de tabuleiro para estimular a atenção, memória e leitura têm contribuído para ajudar Daniel a ficar mais focado na aprendizagem. A escola, além de executar ações semelhantes, também foi orientada a dividir tarefas longas em etapas menores e proporcionar uma alfabetização multissensorial. A interação escola, família e clínica fez o desempenho do estudante melhorar significativamente e, com isso, acompanhar seus pares.

Desafios na aprendizagem de matemática de Juliana

Juliana, uma estudante de sete anos do 2º ano do ensino fundamental, enfrentava dificuldades significativas na retenção de informações relacionadas à aprendizagem da matemática. Preocupada com o desempenho de Juliana, a professora titular relatou a situação à família, destacando que as intervenções pedagógicas realizadas até então não trouxeram melhorias substanciais. Em resposta, foi iniciado um rastreio dos processos cognitivos para entender melhor as dificuldades e buscar estratégias eficazes de intervenção. A Avaliação de Rastreio do Programa Educacional Neurons (ARPEN) indicou desatenção, com controle inibitório e flexibilidade cognitiva abaixo do esperado, devido à dificuldade de Juliana em prestar atenção aos enunciados.

Habilidade	Valor	Média
Atenção seletiva	3.9	NA MÉDIA
Atenção sustentada	2.6	ABAIXO
Atenção alternada	2.8	ABAIXO
Controle inibitório	1.0	ABAIXO
Flexibilidade cognitiva	1.6	ABAIXO

ROTA AMARELA
Avaliação de Rastreio do Programa Educacional Neurons

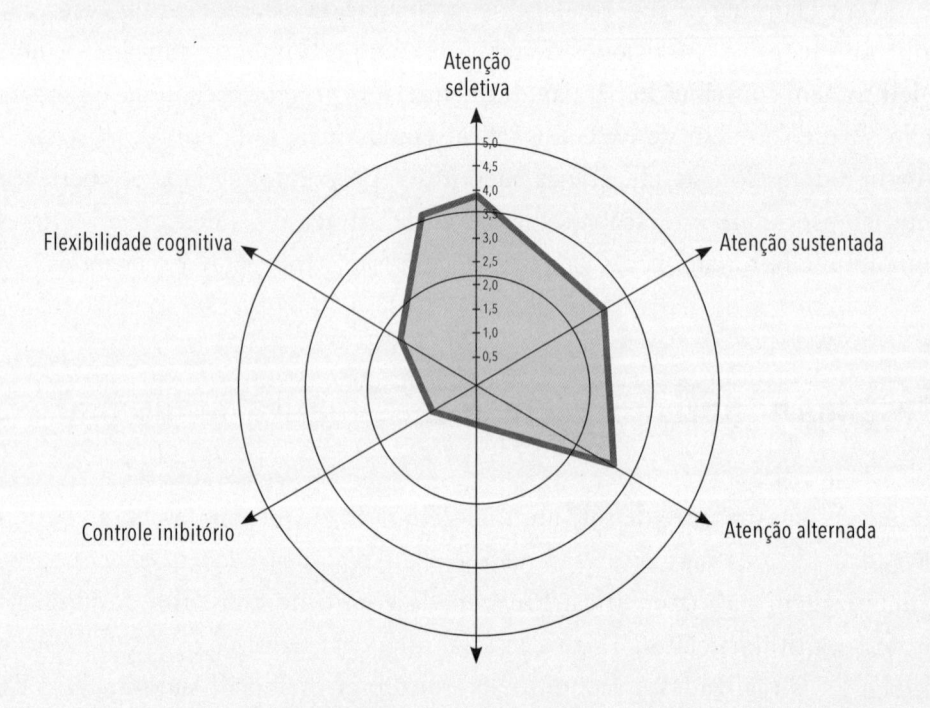

Os prejuízos na sustentação da atenção e a dificuldade em alternar entre uma tarefa e outra denotam dificuldades nas habilidades atencionais. Em relação à avaliação da **memória auditiva imediata e tardia**, Juliana mostrou resultados bem preocupantes.

Habilidade	Valor	Média
Memória visual imediata	1.0	ABAIXO
Memória visual tardia	2.0	ABAIXO
Memória auditiva imediata	3.0	NA MÉDIA
Memória auditiva tardia	3.0	NA MÉDIA
Memória visuoespacial	2.0	ABAIXO
Memória de reconhecimento visual	0.0	ABAIXO
Memória de reconhecimento auditiva	2.0	ABAIXO

ROTA AZUL
Avaliação de Rastreio do Programa Educacional Neurons

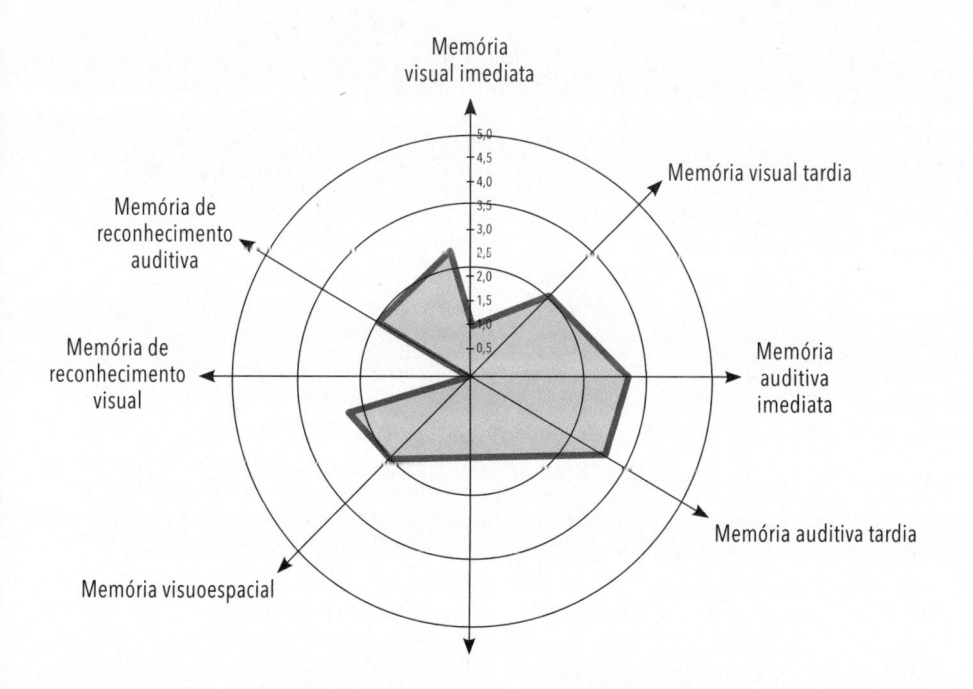

A avaliação de **leitura e escrita** mostrou que Juliana apresentava dificuldades em discriminar sílabas, o que, embora não estivesse prejudicando as habilidades de leitura de modo substancial, mostrava que era importante mais estimulação para o desenvolvimento de habilidades associadas à consciência fonológica.

Habilidade	Valor	Média
Distinguir letras e símbolos	5.0	ACIMA
Identificar quantidade de letras	3.0	NA MÉDIA
Discriminação fonêmica inicial	5.0	ACIMA
Discriminação silábica	1.5	ABAIXO
Discriminação fonêmica	5.0	ACIMA
Discriminação silábica inicial	3.0	NA MÉDIA
Discriminação de rimas ou sílaba final	3.0	NA MÉDIA

ROTA VIOLETA
Avaliação de Rastreio do Programa Educacional Neurons

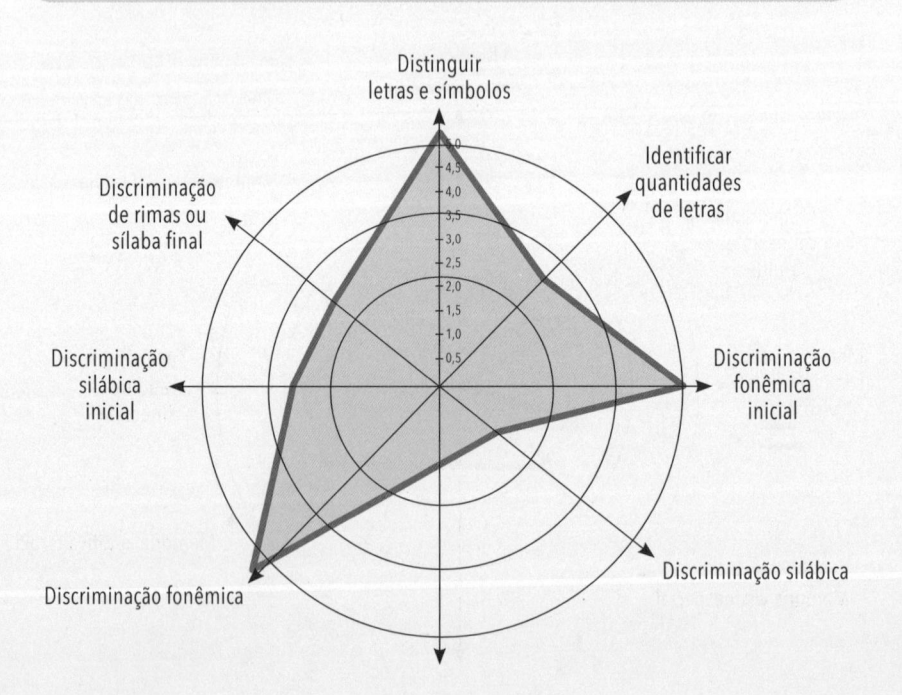

Juliana teve desempenho abaixo do esperado em várias habilidades matemáticas, tais como: relacionar quantidades aproximadas de numerais, entender o valor posicional dos números e realizar fatos numéricos.

Habilidade	Valor	Média
Magnitude não simbólica	4.0	NA MÉDIA
Noção de magnitude simbólica	1.0	ABAIXO
Representação simbólica da magnitude	3.0	NA MÉDIA
Contagem numérica	3.0	NA MÉDIA
Valor posicional	1.0	ABAIXO
Transcodificação numérica	4.0	NA MÉDIA
Fato numérico	2.5	ABAIXO
Resolução de problemas	3.0	NA MÉDIA

ROTA VERMELHA
Avaliação de Rastreio do Programa Educacional Neurons

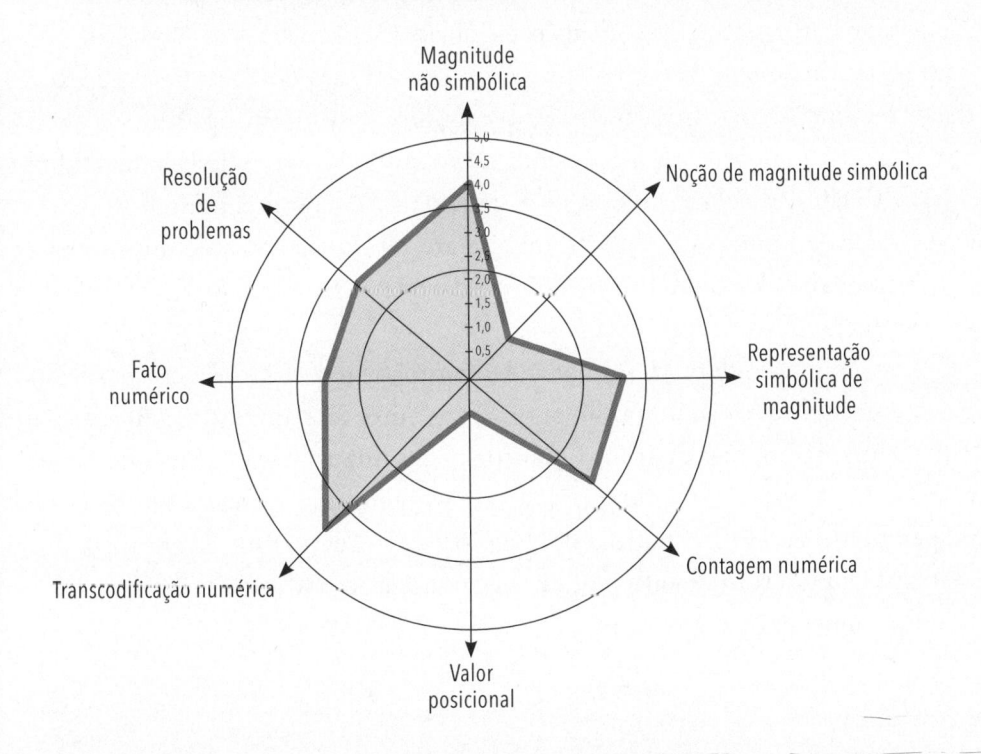

Aprendizagens da história de Juliana

Para abordar as necessidades de Juliana, é essencial que as estratégias pedagógicas sejam ajustadas para maximizar suas potencialidades, enquanto se trabalha para fortalecer suas áreas de fraqueza. Por exemplo, utilizar instruções verbais claras e repetitivas poderiam ajudá-la a aproveitar sua memória auditiva forte, enquanto atividades que requerem memorização de fatos ou conceitos podem ser reforçadas por meio de métodos que envolvem narração ou canções, que engajam sua memória semântica de longo prazo.

Para suas dificuldades com a atenção sustentada e alternada, seria benéfico integrar exercícios que gradualmente aumentam os períodos de foco de Juliana, como jogos de tabuleiro, que requerem turnos mais longos, ou tarefas escolares que se tornam complexas de forma gradual. Essas atividades ajudam a estender sua capacidade de atenção e melhoram sua habilidade de alternar entre tarefas de maneira eficiente. Além disso, para fortalecer sua memória visuoespacial, que é fundamental para compreender e resolver problemas matemáticos, podem ser introduzidas atividades que combinem elementos visuais com desafios numéricos, como *puzzles* ou jogos que requerem o reconhecimento de padrões e a organização espacial. O rastreamento dos processos cognitivos de Juliana ofereceu *insights* valiosos que permitiram a adaptação das intervenções pedagógicas, transformando desafios em oportunidades de aprendizado, contribuindo para a futura estrutura do Plano de Ensino Individual (PEI), focado em atender suas necessidades. A compreensão profunda de capacidades e limitações é um exemplo claro da importância de uma abordagem personalizada na educação, garantindo que cada aluno aprenda e alcance seu potencial máximo.

Alguns meses depois, Juliana foi diagnosticada com TDAH predominantemente desatenta, afetando significativamente a aprendizagem escolar, especialmente em matemática. Quanto aos prejuízos nesta disciplina, o neuropediatra solicitou uma bateria de exames, incluindo o encefalograma com mapeamento cerebral para fins de diagnóstico. A escola foi orientada a usar materiais concretos para atividades matemáticas, conforme as orientações da neuropsicopedagoga.

Quadro 6.5 Orientações para a escola da aluna Juliana.

1. **Uso de materiais concretos**: utilize materiais de contagem, como blocos, ábacos e fichas. Esses recursos ajudam a concretizar e a compreender conceitos abstratos.

2. **Uso de tecnologia**: incorpore aplicativos e softwares educativos específicos de matemática, que oferecem práticas interativas e adaptativas.

3. *Feedback* **positivo**: ofereça *feedback* positivo imediato para reforçar o progresso e aumentar a confiança. Celebrar pequenas vitórias é fundamental para a motivação contínua.

4. **Sessões de reforço**: proporcione sessões de reforço individual ou em pequenos grupos focadas nas áreas de maior dificuldade, como a correlação entre numeral e quantidade.

5. **Jogos matemáticos**: utilize jogos educativos que envolvem matemática, como "jogo da velha" com números, "bingo de números" e "dominó matemático", para tornar o aprendizado mais divertido e envolvente.

6. **Ensino multissensorial**: adote abordagens multissensoriais, que incluem ouvir, ver, tocar e manipular objetos para ensinar conceitos matemáticos. Isso pode envolver atividades como desenhar números na areia ou na farinha.

7. **Estímulo à autoexplicação**: incentive a estudante a verbalizar seu pensamento enquanto resolve problemas matemáticos Peça a ela que explique seus passos, o que ajuda a solidificar sua compreensão.

8. **Atividades interativas com os colegas**: implemente uma "Estação de Matemática" na sala de aula, em que a estudante e os demais alunos possam usar diversos materiais de contagem, jogos matemáticos e aplicativos educativos durante um tempo designado do dia. Essa estação pode oferecer uma maneira prática e lúdica de reforçar os conceitos matemáticos fora do formato tradicional de aula.

Para a família, foi sugerido estimular a matemática por meio de materiais de contagem coloridos e texturizados, jogos de tabuleiro e quebra-cabeças, conforme as orientações da neuropsicopedagoga.

Quadro 6.6 Orientações para os familiares de Juliana.

1. **Ambiente de estudo organizado**: crie um ambiente de estudo tranquilo e bem organizado, livre de distrações, onde a estudante possa se concentrar nas atividades matemáticas.

2. **Uso de materiais concretos**: utilize objetos do dia a dia, como botões, moedas e blocos, para ajudar a aluna a visualizar e compreender conceitos matemáticos, especialmente a correlação entre numerais e quantidades.

3. **Rotina de estudo consistente**: estabeleça uma rotina de estudo diária para a prática de matemática. A consistência ajuda a reforçar os conceitos e a criar um hábito de aprendizado.

4. **Jogos matemáticos**: introduza jogos de matemática divertidos e educativos, como "Dominó Matemático", "Jogo Fecha Caixa", e aplicativos que tenham atividades de contagem e de correlação da quantidade ao numeral.

5. **Atividades do dia a dia:** incorpore matemática em atividades cotidianas, como cozinhar (medição de ingredientes), compras (contagem de dinheiro) e passeios (contagem de passos ou objetos).

6. **Reforço positivo**: elogie e recompense o esforço e as conquistas, por menores que sejam. O reforço positivo ajuda a aumentar a motivação e a autoconfiança.

Exemplo prático: jogo do bingo em família, com cartelas que contenham números e desenhos de objetos representando as quantidades. Reserve um tempo diário para que a menina jogue, acompanhando seu progresso e oferecendo suporte quando necessário. Isso pode tornar o aprendizado da matemática uma experiência positiva e envolvente.

A reinvenção da educação a partir de caminhos neuroeducativos

Os casos relatados servem como exemplo para entender a importância do profissional clínico, e o uso de ferramentas digitais pode favorecer a identificação precoce de habilidades funcionais e disfuncionais dos estudantes. Trata-se de uma triagem universal ou rastreio inicial, para que, dessa forma, possam ser identificados estudantes com dificuldades no processo de aprendizagem e iniciadas intervenções precoces, situação que pode amenizar sintomas dos riscos à não aprendizagem. No Brasil, por exemplo, as filas de espera para profissionais especializados é grande e pode levar meses ou anos.[5] Em 2023, dez mil crianças aguardavam na fila por atendimento de neuropediatria somente no Distrito Federal. Outro exemplo é o da cidade de Caxias do Sul, cujas esperas se prolongavam por 9 meses.[6] Além destes, podemos citar outros cenários, contudo, o objetivo é propor soluções para que as crianças possam ser atendidas em suas necessidades, verificar quais realmente necessitam de atendimento especializado e quais podem obter melhoras significativas com intervenções específicas.

Ao longo deste livro, exploramos a profunda interseção entre neuropsicopedagogia, tecnologia educacional e intervenções personalizadas, fundamentadas no entendimento preciso dos processos cognitivos de cada aluno. Histórias como as de Ricardo, Daniel e Juliana não são apenas narrativas isoladas; elas representam um microcosmo dos desafios e triunfos enfrentados diariamente em salas de aula ao redor do mundo. Por meio das histórias de nossos personagens, desvendamos não apenas as complexidades inerentes aos desafios de aprendizagem, mas também a potência da intervenção precoce e personalizada que a escolha de caminhos neuroeducativos proporcionam.

O trabalho detalhado de Helena e sua equipe, utilizando o Programa Educacional Neurons, para avaliar e intervir nos desafios cognitivos dos alunos, demonstra um caminho neuroeducativo e uma prática educacional que vai além da mera transmissão de conhecimento. Ele exemplifica uma abordagem que é tão científica quanto empática, reconhecendo que cada criança possui um universo de aprendizagem único, que requer entendimento e adaptação.

Este livro não é apenas um conjunto de capítulos sobre teorias e práticas; é um convite à reflexão sobre como podemos transformar o sistema educacional

---

[5] DUTRA, F. Mais de 10 mil crianças enfrentam fila em busca de neuropediatra no DF. **Metrópoles**, 1º dez. 2023. Disponível em: https://www.metropoles.com/distrito-federal/mais-de-10-mil-criancas-enfrentam-fila-em-busca-de-neuropediatra-no-df. Acesso em: 31 maio 2024.

[6] SCHAFER, M. Espera para consulta com neurologista infantil em Caxias do Sul é de cerca de nove meses. **GaúchaZH**, 26 abr. 2023. Disponível em: https://gauchazh.clicrbs.com.br/pioneiro/geral/noticia/2023/04/espera-para-consulta-com-neurologista-infantil-em-caxias-do-sul-e-de-cerca-de-nove-meses-clfshifqf0050016bvc7jrek2.html. Acesso em: 31 maio 2024.

para ser mais inclusivo, eficaz e humano – a partir de caminhos neuroeducativos. A integração da neuropsicopedagogia nas escolas, como demonstrado através das intervenções e estudos de caso apresentados, mostra que a educação pode ser transformada de dentro para fora, começando pelo entendimento mais fundamental de como nossos cérebros funcionam.

As histórias de sucesso e os desafios enfrentados pelos personagens deste livro ilustram a necessidade crítica de um modelo educacional que antecipe e responda às necessidades cognitivas dos alunos antes que se tornem barreiras intransponíveis. A aplicação de ferramentas como o RTI (*Response to Intervention*) e o uso criterioso de avaliações cognitivas permitem não apenas adaptar métodos de ensino, mas prever e intervir proativamente, garantindo que todos os alunos tenham a oportunidade de alcançar o seu potencial máximo.

O caminho percorrido neste livro, desde a identificação até a intervenção, sublinha uma verdade fundamental: cada estudante possui um universo único de necessidades e potenciais. A neuropsicopedagogia, com seu alicerce robusto na neurociência e psicologia cognitiva, permite pavimentar um caminho neuroeducativo que não apenas identifica, mas respeita, adapta e responde às variadas demandas e trânsitos cognitivos dos alunos.

Em um mundo em que a educação frequentemente segue caminhos e padrões rígidos e uniformes, este livro desafia o *status quo* ao demonstrar como a educação pode se transformar em uma prática profundamente transformadora quando orientada pelos conhecimentos das neurociências e da neuropsicopedagogia, assim como pelo uso de tecnologias educacionais. Pesquisas indicam que a integração dessas abordagens é essencial para o progresso de nossa sociedade.[7] Reiteramos que, ao aplicar princípios neurocientíficos, isto é, caminhos neuroeducativos, na sala de aula, educadores podem promover um ambiente de aprendizagem mais inclusivo e eficaz.[8] Além disso, a prática da neuropsicopedagogia oferece estratégias específicas para abordar dificuldades de aprendizagem, potencializando o desenvolvimento cognitivo dos alunos. Portanto, este livro é uma contribuição vital para a reformulação das práticas

---

[7] SOUSA, 2011; JENSEN, 2008.

[8] HOWARD-JONES, P. **Introducing neuroeducational research**: neuroscience, education and the brain from contexts to practice. Routledge, 2010. TOKUHAMA-ESPINOSA, T. **Making classrooms better:** 50 practical applications of mind, brain, and education science. W.W. Norton & Company, 2014.

educacionais contemporâneas. Ao longo dele, desvendamos como o entendimento aprofundado dos processos cognitivos, combinado com a aplicação de estratégias de intervenção personalizadas, não apenas melhora o desempenho acadêmico dos estudantes, mas também fortalece suas habilidades de vida, preparando-os para enfrentar os desafios futuros com resiliência e flexibilidade.

Buscamos sintetizar e reafirmar a convicção de que a verdadeira mudança educacional requer uma abordagem holística, que considere todos os aspectos do desenvolvimento humano. Esse princípio é ilustrado pelo modelo ecológico de desenvolvimento de Urie Bronfenbrenner, que enfatiza a importância de múltiplos sistemas ambientais no desenvolvimento da criança. Além disso, o provérbio africano que afirma que "é necessária uma aldeia inteira para criar uma criança" reforça a ideia de que o desenvolvimento infantil é uma responsabilidade comunitária.

Pesquisas indicam que focar a estrutura cognitiva e comportamental dos alunos permite a criação de um mapa educacional que atende individualmente às necessidades de cada criança.[9] A ferramenta educacional discutida, o Programa Educacional Neurons, da Clickneurons, exemplifica como recursos tecnológicos podem ser empregados para identificar e responder às diversas demandas cognitivas e pedagógicas dos alunos. Estudos mostram que a integração de tecnologias educacionais pode melhorar significativamente os resultados de aprendizagem ao fornecer *feedback* personalizado e adaptativo.[10]

Ao concluir este primeiro livro, é imperativo reiterar o apelo por uma colaboração mais ampla entre educadores, profissionais terapeutas, como neuropsicólogos e psicólogos, e pais. Cada um desses atores desempenha um papel insubstituível na "aldeia educacional" que construímos ao redor de cada estudante. A história de Helena e seus esforços, juntamente com o impacto visível nos alunos como Ricardo, Daniel e Juliana, demonstra que, quando esses esforços são unificados e direcionados por uma compreensão científica da aprendizagem, os resultados podem ser extraordinariamente positivos. A literatura científica apoia a importância de caminhos neuroeducativos colaborativos e interdisciplinares na

---

[9] PIAGET, J. **The grasp of consciousness**: action and concept in the young child. Harvard University Press, 1976.

[10] MEANS, B. et al. **Evaluation of evidence-based practices in online learning**: a meta-analysis and review of online learning studies. U.S. Department of Education, 2010. MAYER, R. E. **Multimedia learning**. Cambridge University Press, 2009.

educação, mostrando que a integração de conhecimentos de diversas áreas enriquece significativamente o processo de ensino-aprendizagem.[11]

Além disso, esta obra espera inspirar políticas educacionais que promovam a adoção generalizada de práticas neuropsicopedagógicas no contexto escolar. Pesquisas indicam que integrar abordagens baseadas na neuropsicopedagogia pode reduzir significativamente a desistência escolar e promover o desenvolvimento integral dos alunos. Os métodos e histórias discutidos aqui deveriam servir como modelos replicáveis e adaptáveis, garantindo que cada contexto educacional possa se beneficiar da implementação desses percursos neuroeducativos. Juntos, temos o poder de moldar um futuro em que a educação não é apenas passar de ano ou memorizar fatos, mas cultivar mentes capazes de pensar criticamente, resolver problemas complexos e prosperar em um mundo em constante mudança. Vamos avançar, munidos de matéria-prima para pavimentar novos caminhos, empatia e um compromisso inabalável de transformar potencial em realização. Nosso maior desejo é que este livro sirva como um caminho para todos os educadores, administradores escolares e profissionais envolvidos na jornada educacional. Que as reflexões e estratégias aqui compartilhadas inspirem uma nova onda de inovação pedagógica, firmemente ancorada na ciência da aprendizagem e profundamente comprometida com o sucesso de cada aluno.

Assim, finalizamos este livro com uma visão clara e um chamado à ação: que cada educador, cada pai, cada político e cada profissional envolvido na educação veja em suas mãos a ferramenta poderosa que é o conhecimento das neurociências aplicadas à educação. Com ele, podemos construir caminhos para uma educação que é verdadeiramente inclusiva, eficaz e transformadora, garantindo um futuro brilhante para todas as crianças, em todos os cantos desse país. Por fim, reafirmamos nosso compromisso com uma educação que não apenas informa, mas transforma; uma educação que não se contenta com o *status quo*, mas que busca incessantemente superar as barreiras da aprendizagem e do desenvolvimento humano. Que as páginas deste livro sirvam como um lembrete de que cada criança carrega um potencial imenso, e é nossa responsabilidade coletiva como sociedade garantir que esse potencial seja plenamente realizado.

---

[11] JENSEN, 2008; SOUSA, 2011.

Resumo Executivo

- O capítulo aborda a importância do rastreio dos processos cognitivos na clínica e a necessidade de colaboração interdisciplinar para fornecer suporte educacional abrangente e eficaz. Essa avaliação visa garantir que quaisquer problemas subjacentes que possam influenciar o desempenho dos alunos sejam identificados e abordados com estratégias especializadas.

- A história de Ricardo, um aluno do 2º ano com dificuldades atencionais, é detalhada para ilustrar a importância da avaliação neuropsicopedagógica. Diversos testes foram aplicados para avaliar suas funções executivas, memória, linguagem e habilidades matemáticas. Os resultados destacam áreas de atenção alternada e impulsividade como pontos críticos, enquanto outras habilidades, como memória auditiva, são excepcionalmente fortes. Com base nessa avaliação, estratégias específicas foram implementadas para melhorar o desempenho de Ricardo.

- A história de Daniel, um estudante com TDAH, mostra como a avaliação detalhada pode revelar dificuldades específicas em memória e planejamento, permitindo intervenções focadas e eficazes. Já Juliana, que enfrenta desafios em matemática, beneficia-se de estratégias adaptadas para melhorar sua atenção sustentada e alternada, além de suporte na discriminação visual.

- O capítulo conclui enfatizando a importância de um rastreio cognitivo sistemático e intervenções personalizadas, para implementar um caminho neuroeducativo e promover um ambiente de aprendizagem inclusivo e eficaz. A integração da neuropsicopedagogia na prática escolar e clínica permite uma abordagem integral do desenvolvimento do ser humano, essencial para o desenvolvimento acadêmico e emocional dos alunos.

Autorregulagem da aprendizagem

A avaliação neuropsicopedagógica detalhada permite identificar dificuldades cognitivas precocemente, promovendo intervenções baseadas em _____ e _____.

A colaboração interdisciplinar entre professores, neuropsicopedagogos e neuropediatras é essencial para criar um ambiente de aprendizagem que atenda às necessidades _____ e _____ dos alunos.

O uso de testes padronizados permite avaliar funções executivas, como _____, _____ e _____, identificando áreas que precisam de intervenção.

A atenção alternada e a memória auditiva são habilidades críticas para o sucesso acadêmico, pois permitem que os alunos _____ e _____ de maneira eficaz.

Para alunos com TDAH, estratégias de ensino adaptadas incluem o uso de _____, _____ e _____ para maximizar seu potencial de aprendizagem.

RESPOSTAS DAS QUESTÕES DE AUTORREGULAGEM DA APRENDIZAGEM

Capítulo 1

A rotulagem de alunos como "preguiçosos" pode mascarar desafios cognitivos subjacentes, como déficits nas funções executivas.

O modelo bioecológico do desenvolvimento humano destaca a importância das interações entre a criança e seus diversos ambientes, incluindo a família, a escola e a comunidade.

A neurociência pode ser uma ferramenta poderosa para a educação, orientando práticas pedagógicas ao entender como o cérebro aprende.

Intervenções baseadas em evidências são cruciais para identificar e tratar problemas de aprendizagem, diferenciando entre dificuldades temporárias e transtornos específicos permanentes.

Países como os Estados Unidos, Finlândia e Japão colhem resultados significativos na educação investindo em programas de detecção precoce e intervenção eficaz.

Capítulo 2

Alice descobriu que a leitura envolve a ativação de várias áreas do cérebro, incluindo a área visual primária, o giro fusiforme e o lobo temporal.

O professor utilizou uma analogia com o filme "Querida, encolhi as crianças" para explicar como compreender a aprendizagem em um nível microscópico pode revelar os mecanismos fundamentais que tornam possíveis as habilidades cognitivas.

Quando um aluno pratica repetidamente um novo conceito matemático, as conexões neurais associadas a este conceito se tornam mais fortes e eficientes, um processo conhecido como plasticidade sináptica.

No topo do cérebro, encontra-se o córtex cerebral, responsável por funções complexas, como pensamento e percepção, e dividido em quatro lobos principais: frontal, parietal, temporal e occipital.

Durante o desenvolvimento, os genes guiam a divisão, migração e especialização das células nervosas, formando redes neurais funcionais. Este processo contínuo é conhecido como neurodesenvolvimento.

Capítulo 3

A curiosidade dos alunos ativa regiões específicas do cérebro, como o corpo estriado, que está relacionado ao sistema de recompensa.

Carlos observou que, ao combinar teoria e prática, os alunos ativavam múltiplas áreas do cérebro, incluindo o córtex motor e o hipocampo.

Em atividades de interação social, como discussões em grupo, a sincronia fisiológica entre os alunos foi medida utilizando pulseiras de monitoramento. Resultados mostraram que a sincronia fisiológica está associada a um maior engajamento e desempenho acadêmico.

Práticas de autoconhecimento, como meditação e *mindfulness*, demonstraram aumentar a densidade de massa cinzenta no córtex pré-frontal e no hipocampo. Essas áreas são cruciais para a regulação emocional e a memória.

Carlos utilizou técnicas da neurociência para criar um ambiente de aprendizagem mais eficaz. Ele explicou aos professores que o uso de jogos educativos e gamificação pode aumentar a ativação do sistema de recompensa, melhorando a retenção de informações e a motivação dos alunos.

Capítulo 4

A avaliação neuropsicopedagógica permite identificar dificuldades cognitivas precocemente, promovendo intervenções eficazes baseadas em neurociência e psicologia cognitiva.

O modelo de Intervenção em Três Níveis (RTI) inclui avaliações de rastreamento e intervenções em pequenos grupos e individualizadas.

A Plataforma Educacional Neurons é usada para avaliar habilidades como atenção, memória e planejamento.

A Dra. Helena destacou a importância da metacognição e das funções executivas no processo de aprendizagem, implementando instrumentos de rastreio para avaliar esses processos.

A falta de rastreamento precoce das habilidades cognitivas pode levar a intervenções inadequadas e frustração, impactando negativamente o desempenho acadêmico dos alunos.

Capítulo 5

O efeito Mateus destaca a importância de intervenções precoces, pois crianças que adquirem habilidades fundamentais antes da escolarização tendem a ter mais sucesso e progresso no processo de aprendizagem.

A diversificação das estratégias de ensino, como o uso de jogos, debates e paródias, pode aumentar a motivação e o engajamento dos alunos.

A criação de um ambiente de aprendizagem estimulante e diversificado ajuda a formar novas conexões neurais e sinapses no cérebro das crianças.

O modelo de Intervenção em Três Níveis (RTI) é eficaz para identificar e atender às necessidades dos alunos, oferecendo intervenções em triagem universal, pequenos grupos e intervenções intensivas.

A motivação é essencial para a aprendizagem, ativando o sistema cerebral de recompensas e aumentando o interesse dos alunos pelas atividades acadêmicas.

Capítulo 6

A avaliação neuropsicopedagógica detalhada permite identificar dificuldades cognitivas precocemente, promovendo intervenções baseadas em evidências científicas e dados concretos.

A colaboração interdisciplinar entre professores, neuropsicopedagogos e neuropediatras é essencial para criar um ambiente de aprendizagem que atenda às necessidades cognitivas e emocionais dos alunos.

O uso de testes padronizados permite avaliar funções executivas, como atenção, memória e controle inibitório, identificando áreas que precisam de intervenção.

A atenção alternada e a memória auditiva são habilidades críticas para o sucesso acadêmico, pois permitem que os alunos mudem o foco e retenham informações de maneira eficaz.

Para alunos com TDAH, estratégias de ensino adaptadas incluem o uso de feedback positivo, materiais visuais e técnicas de autorregulação para maximizar seu potencial de aprendizagem.

REFERÊNCIAS BIBLIOGRÁFICAS

INTRODUÇÃO

CLICKNEURONS. Disponível em: https://clickneurons.com.br. Acesso em: 22 jul. 2024.

ESCHER, M. C. (n.d.). **Drawing hands large poster**. Disponível em: https://mcescher.com/product/poster-large-drawing-hands-bl-w/. Acesso em: 21 jul. 2024.

EUGÊNIO, T. Um olhar evolucionista para a obra de M.C. Escher. **Ciência e cognição**, 2012, 17(2), 129-144.

HENNEMANN, A. L. (2012) **Neuropsicopedagogia na sala de aula**. Disponível em: https://neuropsicopedagogianasaladeaula.blogspot.com. Acesso em: 21 jul. 2024.

CAPÍTULO 1

AMARAL, A. L. N.; GUERRA, L. B. **Neurociência e educação**: olhando para o futuro da aprendizagem. Brasília: Serviço Social da Indústria (SESI), 2022.

BRASIL. **Ambiente Virtual de Aprendizagem do Ministério da Educação (AVAMEC)**, 2024. Disponível em: https://avamec.mec.gov.br. Acesso em: 11 jul. 2024.

BRASIL. **Caderno PNA (Plano Nacional de Alfabetização)**. Brasília: Ministério da Educação, 2019. Disponível em: https://www.gov.br/mec/pt-br/assuntos/noticias_1/

mec-lanca-caderno-da-politica-nacional-de-alfabetizacao/CADERNO_PNA_FINAL.pdf/view. Acesso em: 11 jul. 2024.

BRASIL. **PNAD Contínua 2022**: Características gerais dos domicílios e dos moradores. Brasília: Instituto Brasileiro de Geografia e Estatística (IBGE), 2022. Disponível em: https://www.gov.br/inep/pt-br/areas-de-atuacao/pesquisas- estatisticas-e-indicadores/censo-escolar/resultados. Acesso em: 11 jul. 2024.

BRASIL. **Programa Criança Alfabetizada. Ministério da Educação**, 2024. Disponível em: https://www.gov.br/mec/pt-br/crianca-alfabetizada. Acesso em: 11 jul. 2024.

BRASIL. **Relatório Nacional de Alfabetização Baseada em Evidência (Renabe)**. Brasília: Ministério da Educação, 2021. Disponível em: http://alfabetizacao.mec.gov.br/multimidia-e-campanha/item/44-relatorio-nacional-de-alfabetizacao-baseada-em-evidencias-renabe. Acesso em: 11 jul. 2024.

BRASIL. **Relatório SAEB/ANA 2016**: Panorama do Brasil e dos estados. Brasília: Ministério da Educação, 2016.

BRASIL. **Resultados do Censo Escolar 2021**. Brasília: Instituto Nacional de Estudos e Pesquisas Educacionais Anísio Teixeira (Inep), 2021. Disponível em: https://www.gov.br/inep/pt-br/areas-de-atuacao/pesquisas-estatisticas-e-indicadores/censo-escolar/resultados. Acesso em: 11 jul. 2024.

CENTER ON THE DEVELOPING CHILD AT HARVARD UNIVERSITY. **Construção do sistema de "Controle de Tráfego Aéreo" do cérebro:** como as primeiras experiências moldam o desenvolvimento das funções executivas (Estudo n. 11). Cambridge: Harvard University, 2011. Disponível em: https://developingchild.harvard.edu/translation/construindo-o-sistema-de-controle-de-trafego-aereo-cerebro/. Acesso em: 11 jul. 2024.

COSENZA, R. M. **Neurociência e educação**: como o cérebro aprende. Porto Alegre: Artmed, 2011.

COSENZA, R. M. **Por que não somos racionais**. Porto Alegre: Artmed, 2016.

FRANKLIN, A. M.; GIACHETI, C. M.; SILVA, N. C.; CAMPOS, L. M. G.; PINATO, L. et al. Correlação entre o perfil do sono e o comportamento em indivíduos com transtorno específico da aprendizagem. **CoDAS**, 2018, 30(3). Disponível em:

https://www.scielo.br/j/codas/a/PkhnYPwkv9ZrJ76XZhNm3Pz/?lang=pt. Acesso em: 11 jul. 2024.

HENNEMANN, A. L. **Neurociências e os processos cognitivos da aprendizagem**. Novo Hamburgo: Ed. da Autora, 2022.

JOLLES, J.; JOLLES, D. D. On neuroeducation: why and how to improve neuroscientific literacy in educational professionals. **Frontiers in Psychology**, 2021, 12, 752151. Disponível em: https://www.frontiersin.org/articles/10.3389/fpsyg.2021.752151/full. Acesso em: 11 jul. 2024.

LENT, R. et al. **Ciência para a educação**: uma ponte entre dois muros. São Paulo: Atheneu, 2016.

MOUSINHO, R.; NAVAS, A. L. Mudanças apontadas no DSM-5 em relação aos transtornos específicos de aprendizagem em leitura e escrita. **Debates em Psiquiatria**. Disponível em: https://revistardp.org.br/revista/article/view/133. Acesso em: 16 jul. 2024.

NATIONAL READING PANEL. **Teaching children to read**: an evidence-based assessment of the scientific research literature on reading and its implications for reading instruction. National institute of child health and human development, national institutes of health. 2000. Disponível em: https://www.nichd.nih.gov/sites/default/files/publications/pubs/nrp/documents/report.pdf. Acesso em: 11 jul. 2024.

OAKLEY, B.; SEJNOWSKI, T.; MARSOLA, A. Aprendendo a aprender: ferramentas mentais poderosas para ajudá-lo a dominar assuntos difíceis. **Coursera**, 2014. Disponível em: https://www.coursera.org/learn/aprender/. Acesso em: 11 jul. 2024.

ORGANIZAÇÃO PARA A COOPERAÇÃO E DESENVOLVIMENTO ECONÔMICO (OCDE). **Quesitos**– Educação. Better Life Index. 2024. Disponível em: https://www.oecdbetterlifeindex.org/. Acesso em: 11 jul. 2024.

PAPALIA, D. E.; FELDMAN, R. D.; MARTORELL, G. **O mundo da criança**: da infância à adolescência. Porto Alegre: McGraw-Hill, 2010.

POZO, J. I. **Aprendizes e mestres**: a nova cultura da aprendizagem. Porto Alegre: Artmed, 2002.

SOUSA, L. B. de. et al. Neuroeducation: an approach to brain plasticity in learning. **Amadeus International Multidisciplinary Journal**, out. 2019, v. 4, n. 7.

SUN, X.; NORTON, O.; NANCEKIVELL, S. E. Beware the myth: learning styles affect parents', children's, and teachers' thinking about children's academic potential. **NPJ Science of Learning**, 2023, 8, Article 46. Disponível em: https://doi.org/10.1038/s41539-023-00190-x. Acesso em: 11 jul. 2024.

UNICEF. **Relatório Unicef 2022 sobre a educação no Brasil**. 2022. Disponível em: https://www.unicef.org/brazil/ra-2022. Acesso em: 11 jul. 2024.

CAPÍTULO 2

AMARAL, A. L. N.; GUERRA L. B. **Neurociência e educação**: olhando para o futuro da aprendizagem. Brasília: Serviço Social da Indústria (SESI), 2020. Disponível em: https://static.portaldaindustria.com.br/media/filer_public/22/e7/22e7b00d-9ff1-474a-bb53-fc8066864cca/neurociencia_e_educacao_pdf_interativo.pdf. Acesso em: 15 jul. 2024.

BERNIER, R. A.; DAWSON, G.; NIGG, J. T. **O que a ciência nos diz sobre o Transtorno do Espectro Autista**: fazendo as escolhas certas para seu filho. Porto Alegre: Artmed, 2021.

CAPELLINI, S. A.; GERMANO, G. D.; OLIVEIRA, S. T. O. **Fonoaudiologia educacional**: alfabetização em foco. São Paulo: CFF, 2020.

CORSO, L. V.; DORNELES, B. V. Perfil cognitivo dos alunos com dificuldades de aprendizagem na leitura e matemática. **Psicologia – Teoria e Prática**, 2015, v. 17, n. 2, pp. 185-198.

DEHAENE, S. **Neurônios da leitura**. Porto Alegre: Penso, 2011.

GIRI, B. et al. Sleep loss diminishes hippocampal reactivation and replay. **Nature**, 2024, 630, 935-942. Disponível em: https://doi.org/10.1038/s41586-024-07538-2. Acesso em: 12 jul. 2024.

GOLEMAN, D. **Foco**: a atenção e seu papel fundamental para o sucesso. Trad. de C. Zanon. Rio de Janeiro: Objetiva, 2014.

LENT, R. **O cérebro aprendiz**: neuroplasticidade e educação. Rio de Janeiro: Atheneu, 2019.

MALUF, M. R.; CARDOSO-MARTINS, C. **Alfabetização no século XXI**: como se aprende a ler e escrever. Porto Alegre: Penso, 2013.

OLIVEIRA, M. R. de; MOURA, R. A. de; SILVA, M. B. Priming memory and its important role in learning and in the social and professional behavior of individuals. **Concilium**, 2023, 23(21), 1-10. Disponível em: https://doi.org/10.53660/CLM-2382-23S10. Acesso em: 12 jul. 2024.

RANGEL, A. **O processo de alfabetização do zero aos 120 anos**: ênfase do zero aos sete anos. Porto Alegre: Pif - Ran Jogos e Livros, 2018.

RESNICK, M. **Jardim da infância para toda a vida**: por uma aprendizagem criativa, mão na massa e relevante para todos. Porto Alegre: Penso, 2023.

RUIZ MARTIN, H. **Como aprendemos**: uma abordagem científica da aprendizagem e do ensino. Porto Alegre: Penso, 2024.

SARGIANI, R. **Alfabetização baseada em evidências**: da ciência à sala de aula. Porto Alegre: Penso, 2022.

SHAYWITZ, S. **Entendendo a dislexia**: um novo e completo programa para todos os níveis e problemas de leitura. 2. ed. Porto Alegre: Penso, 2023.

SNOWLING, M. J.; HULME, C. **A ciência da leitura**. Porto Alegre: Penso, 2013.

CAPÍTULO 3

ARCHER, A. Admiration and motivation. **Emotion Review**, 2019, 11(2), 140-150. Disponível em: https://doi.org/10.1177/1754073918787235. Acesso em: 12 jul. 2024.

BLACKWELL, L. S.; TRZESNIEWSKI, K. H.; DWECK, C. S. Implicit theories of intelligence predict achievement across an adolescent transition: a longitudinal study and an intervention. **Society for Research in Child Development**, 2007, 78(1), 246-263. Disponível em: https://doi.org/10.1111/j.1467-8624.2007.00995.x. Acesso em: 12 jul. 2024.

BROCKINGTON, G. et al. From the laboratory to the classroom: The potential of functional near-infrared spectroscopy in educational neuroscience. **Frontiers in Psychology**, 2018, 9.

DELORS, J. UNESCO. **World declaration on education for all and and framework for action to meet basic learning needs**. Jomtien, Thailand, 1990, 5-9 March 1996. Paris: Unesco, 1996. Disponível em: https://unesdoc.unesco.org/ark:/48223/pf0000127583. Acesso em: 17 jul. 2024.

DELORS, J. et al. **World declaration on education for all and framework for action to meet basic learning needs**. Unesco, 1996. Disponível em: https://unesdoc.unesco.org/ark:/48223/pf0000109590. Acesso em: 17 jul. 2024.

DIKKER, S. et al. Brain-to-brain synchrony tracks real-world dynamic group interactions in the classroom. **Current Biology**, 2017, 27(9), 1375-1380. Disponível em: https://doi.org/10.1016/j.cub.2017.04.002. Acesso em: 17 jul. 2024.

DWECK, C. S. **Mindset**: a nova psicologia do sucesso. Rio de Janeiro: Objetiva, 2017.

EUGÊNIO, T. **Aula em jogo**: descomplicando a gamificação para educadores. São Paulo: Évora, 2020.

FLAVELL, J. H. Metacognition and cognitive monitoring: a new area of cognitive-developmental inquiry. **American Psychologist**, 1979, 34(10), 906-911.

GILLIES, R. M. et al. Multimodal representations during an inquiry problem-solving activity in a Year 6 science class: A case study investigating cooperation, physiological arousal and belief states. **Australian Journal for Education**, 2016, 60(02), 1-17. Disponível em: https://www.researchgate.net/publication/303867064_Multimodal_representations_during_an_inquiry_problem-solving_activity_in_a_Year_6_science_class_A_case_study_investigating_cooperation_physiological_arousal_and_belief_states. Acesso em: 17 jul. 2024.

GOLEMAN, D. **Emotional intelligence**: why it can matter more than IQ, 1995. Bantam Books, 1995.

HATTIE, J. **Aprendizagem visível para professores**: como como maximizar o impacto da aprendizagem. Porto Alegre: Penso, 2017.

HATTIE, J.; TIMPERLEY, H. The power of feedback. **Review of Educational Research**, 2007, 77(1), 81-112. Disponível em: https://doi.org/10.3102/ 003465430298487. Acesso em: 17 jul. 2024.

HÖLZEL, B. K. et al. Mindfulness practice leads to increases in regional brain gray matter density, 2011. **Psychiatry Research**, 2010, 191(1), 36-43. Disponível em: https://doi.org/10.1016/j.pscychresns.2010.08.006. Acesso em: 17 jul. 2024.

JAPEMA, M. et al. Neural mechanisms underlying the induction and relief of perceptual curiosity. **Frontiers in Behavioral Neuroscience**, 2012, 13:6:5.

KANG, M. J. et al. The wick in the candle of learning: epistemic curiosity activates reward circuitry and enhances memory. **Psychological Science**, 2009, 20(8): 963-73.

LENT, R. **O cérebro aprendiz**: neuroplasticidade e educação. 1. ed. Rio de Janeiro: Atheneu, 2018.

NESTOJKO, J. F. et al. Expecting to teach enhances learning and organization of knowledge in free recall of text passages. **Memory & Cognition**, 2014. 42(7): 1038-48.

OECD. **PISA 2018 Results**. What school life means for students'lives. Paris: OECD Publishing, 2019. v. III. Disponível em: https://doi.org/10.1787/acd78851-en. Acesso em: 17 jul. 2024.

OLIVEIRA, P. A. de; FREIRE, J. F.; SILVA, M. das G. Percepções de professores e estudantes sobre a eficácia do ambiente virtual de aprendizagem da Faculdade de Ciências da Saúde do Trairi. **Revista Psicologia: Ciência e Profissão**, 35(2), 325-338, 2015.

PARIS, S. G., WINOGRAD, P. How metacognition can promote academic learning and instruction. In: JONES, B. F.; IDOL, L. (Eds.). Dimensions of thinking and cognitive instruction. Hillsdale: Erlbaum, 1990. p. 15-51.

SEGHIER M. L.; FAHIM M. A.; HABAK, C. Educational fMRI: from the lab to the classroom. **Front. Psychol.**, 2019.

TOMASZEWSKI, W. et al. Impact of effective teaching practices on academic achievement when mediated by student engagement: evidence from australian high schools. **Education Sciences**, 2022, 12(5), 358. Disponível em: https://doi.org/ 10.3390/educsci12050358. Acesso em: 17 jul. 2024.

YEAGER, D. S.; DWECK, C. S. Mindsets that promote resilience: when students believe that personal characteristics can be developed. **Educational Psychologist**, 2012, 47(4), 302-314. Disponível em: https://doi.org/10.1080/00461520.2012.722805. Acesso em: 17 jul. 2024.

ZIMMERMAN, B. J. Becoming a self-regulated learner: an overview. **Theory into Practice**, 2010, 41(2), 64-70. Disponível em: https://doi.org/10.1207/s15430421 tip4102_2. Acesso em: 17 jul. 2024.

CAPÍTULO 4

ALVES, L. M.; CHAVES, T. A.; SOARES, A. M. **Educação inclusiva na prática**: estimulação cognitiva, conexão e ressignificação da vida. Rio de Janeiro: Wak Editora, 2024.

ANSARI, D. et al. Developmental cognitive neuroscience: implications for teachers' pedagogical knowledge. **Pedagogical Knowledge and the Changing Nature of the Teaching Profession**. França: OCDE, 2017.

CARDOSO, F. B. et al. The effects of neuropsychopedagogical intervention on children with learning difficulties. **American Journal of Educational Research**, 2021, 9(11), 673-577. Disponível em: https://pubs.sciepub.com/education/9/11/3/. Acesso em: 22 jul. 2024.

CERQUEIRA-CÉSAR, A. B. P.; MARGUTI, M. P.; CAPELLINI, S. A. Modelo de resposta à intervenção em segunda camada: revisão de literatura. In: ALCANTARA, G.K; GERMANO, G. D.; CAPELLINI, S. A. **Múltiplos olhares sobre a aprendizagem e os transtornos de aprendizagem**. Curitiba: CRV, 2020.

CLICKNEURONS. Disponível em: https://clickneurons.com.br. Acesso em: 22 jul. 2024.

COLL, C. **Desenvolvimento Psicológico e Educação**. Porto Alegre: Artmed, 2005. v. 2.

CORSO, H. V.; SPERB, T. M.; DE JOU, G. I.; SALLES, J. F. Metacognição e funções executivas: relações entre os conceitos e implicações para a aprendizagem. **Psicologia: Teoria e Pesquisa**, 2013, 29(1), 21-29.

COSENZA, R.; GUERRA, L. **Neurociência e educação**: como o cérebro aprende. Porto Alegre: Artmed, 2011.

FÜLLE, A. et al. Neuropsicopedagogia: ciência da aprendizagem. In: RUSSO, R. M. T. (Ed.), **Neuropsicopedagogia Institucional**. Curitiba: Juruá, 2018.

GUERRA, L. B. (Coord.) **Projeto NeuroEduca**. Minas Gerais: UFMG, 2004. Disponível em: https://www2.icb.ufmg.br/neuroeduca/. Acesso em: 22 jul. 2024.

LENT, R. **O cérebro aprendiz**: neuroplasticidade e educação. Rio de Janeiro: Atheneu, 2019.

LIPKIN, P. H. et al. Promoting optimal development: identifying infants and young children with developmental disorders through developmental surveillance and screening. **Pediatrics**, 2020, 145(1).

MACHADO, A. A. et al. O modelo RTI: resposta à intervenção como proposta inclusiva para escolares com dificuldades em leitura e escrita. **Revista Psicopedagogia**, 2014, v. 31, n. 95.

OCDE. **Understanding the brain**: The birth of a learning science. Paris: OCDE, 2007. Disponível em: https://doi.org/10.1787/9789264029132-en. Acesso em: 22 jul. 2024.

OCDE. **Understanding the brain**: towards a new learning science. Paris: OCDE, 2002. Disponível em: https://doi.org/10.1787/9789264174986-en. Acesso em: 22 jul. 2024.

ORMROD, J. E. **Aprendizaje humano**. 4. ed. Londres: Pearson, 2005.

SEABRA, A. et al. Autorregulação e literacia: evidências a partir de revisão da literatura. In: BRASIL. Ministério da Educação. **Relatório Nacional de Alfabetização Baseada em Evidências – RENABE** 2020, (pp. 145-162). Brasília: MEC/SEALF.

SILVA, L.; GUARESI, R. Proposta de instrumento para rastreio de dificuldades de aprendizagem em alunos das séries iniciais. **Revista Virtual de Estudos de Gramática e Linguística**, 2019, 6(2), 68-76.

SOCIEDADE BRASILEIRA DE NEUROPSICOPEDAGOGIA (SBNPp). **Resolução n. 05/2021. Código de Ética Técnico-Profissional da Neuropsicopedagogia**. Joinville, 2021. Disponível em: https://sbnpp.org.br/arquivos/Codigo_de_Etica_Tecnico_Profisional_da_Neuropsicopedagogia_-_SBNPp_-_2021.pdf. Acesso em: 22 jul. 2024.

SUÁREZ, J. D. Desmitificación de la neuropsicopedagogía. **Revista Electrónica de Educación y Psicología**, 2006, 2(4), 1-17. Disponível em: https://www.docsity.com/es/desmitificacion-de-la-neuropsicopedagogia/5595027/. Acesso em: 22 jul. 2024.

TOKUHAMA-ESPINOSA, T. **The new science of teaching and learning**: using the best of mind, brain, and education science in the classroom. [s.l.]: Teachers College Press, 2010.

TOKUHAMA-ESPINOSA, T. N. **International Delphi panel on mind brain, and education science**. Quito, 2017. Disponível em: https://doi.org/10.13140/RG.2.2.14259.22560. Acesso em: 22 jul. 2024.

TOKUHAMA-ESPINOSA, T. N.; NOURI, A. Evaluating what mind, brain, and education has taught us about teaching and learning. **Contemporary Issues in Education**. 2020, 40(1), 63-71. Disponível em: https://doi.org/10.46786/ac20.1386. Acesso em: 22 jul. 2024.

ZUBLER, J. M. et al. Evidence-informed milestones for developmental surveillance tools. **Pediatrics**, 2022, 149(3).

CAPÍTULO 5

ALENCAR, E. **O efeito Mateus na política nacional de alfabetização**: o caráter da alfabetização nos dias atuais. Anais do XV Seminário de Educação da PUC, São Paulo, 2022. Disponível em: https://proceedings.science/seminario-edu-puc-2022/trabalhos/o-efeito-mateus-na-politica-nacional-de-alfabetizacao-o-carater-da-alfabetizacao?lang=pt-br. Acesso em: 24 jul. 2024.

BRASIL. Ministério da Educação. Secretaria de Alfabetização. **PNA – Política Nacional de Alfabetização**. Brasília: MEC/SEALF, 2019. Disponível em: http://portal.mec.gov.br/images/CADERNO_PNA_FINAL.pdf. Acesso em: 24 jul 2024.

BRASIL. Ministério da Educação. **Relatório Nacional de Alfabetização Baseada em Evidências – RENABE**. Brasília: MEC/Sealf, 2020.

COSENZA, R.; GUERRA, L. **Neurociência e educação**: como o cérebro aprende. Porto Alegre: Artmed, 2011.

DONG, A.; JONG, M.S; KING, R.B. How does prior knowledge influence learning engagement? the mediating roles of cognitive load and help-seeking. **Frontiers in Psychology**, 2020, 11. Disponível em: https://doi.org/10.3389/fpsyg.2020.591203. Acesso em: 24 jul. 2024.

FERNANDES, S. Fluência na leitura oral. In: ALVES, R. et al. (Eds.) **Alfabetização baseada na ciência – Manual do curso ABC**. Brasília: Ministério da Educação (MEC), 2021. Disponível em: https://educapes.capes.gov.br/handle/capes/599972. Acesso em: 24 jul. 2024.

GIRI, B. et al. Sleep loss diminishes hippocampal reactivation and replay. **Nature**, 2024, 630, 935-942 (2024). Disponível em: https://doi.org/10.1038/s41586-024-07538-2. Acesso em: 12 jul. 2024.

GUARESI, R. Repercussões de descobertas neurocientíficas ao ensino da escrita. **Revista da FAEEBA – Educação e Contemporaneidade**, 2014, 23(41), 51-62.

GUERRA, L.B. O diálogo entre a neurociência e a educação: da euforia aos desafios e possibilidades. **Revista Interlocução**, 2011, 4(4), 3-12.

HENNEMANN, A.; EUGENIO, T. **Atenção:** 50 tarefas cognitivas para intervenção. São Paulo: Ed. dos Autores, 2023.

HENNEMANN, A.; EUGENIO, T. **Consciência fonológica:** 50 tarefas cognitivas para intervenção. São Paulo: Ed. dos Autores, 2023.

HENNEMANN, A.; EUGENIO, T. **Controle inibitório:** 50 tarefas cognitivas para intervenção. São Paulo: Ed. dos Autores, 2023.

HENNEMANN, A.; EUGENIO, T. **Discriminação visual:** 50 tarefas cognitivas para intervenção. São Paulo: Ed. dos Autores, 2023.

HENNEMANN, A.; EUGENIO, T. **Flexibilidade cognitiva:** 50 tarefas cognitivas para intervenção. São Paulo: Ed. dos Autores, 2023.

HENNEMANN, A.; EUGENIO, T. **Matemática:** 50 tarefas cognitivas para intervenção. São Paulo: Ed. dos Autores, 2023.

HENNEMANN, A.; EUGENIO, T. **Memória de aprendizagem:** 50 tarefas cognitivas para intervenção. São Paulo: Ed. dos Autores, 2023.

KANDEL, E. **Em busca da memória**: o nascimento de uma nova ciência da mente. São Paulo: Companhia das Letras, 2009.

MARTIM, R. **Como aprendemos**: uma abordagem neurocientífica da aprendizagem e do ensino. Porto Alegre: Penso, 2020.

MORAIS, M. I. **Avaliação da motivação**. In: In: MORENO, B. (Ed.). **Processos Psicológicos II**. Porto Alegre: Sagah, 2022.

NISHIYAMA, J. Plasticity of dendritic spines: molecular function and dysfunction in neurodevelopmental disorders. **Psychiatry and Clinical Neurosciences**, 2019, 73(9), 541-550.

ORMROD, J. E. **Aprendizaje humano**. 4. ed. Madrid: Pearson, 2005.

ORSATI, F. T. et al. **Práticas para a sala de aula baseadas em evidências**. São Paulo: Memnon, 2015.

PALMINI, A. L. F. A neurociência das relações entre professores e alunos: entendendo o funcionamento cerebral para facilitar a promoção do conhecimento. In: FREITAS, A. L. S. et al. (Eds.), **Capacitação docente:** um movimento que se faz compromisso. Porto Alegre: EDIPUCRS, 2010.

CAPÍTULO 6

ALVES, L. M.; CHAVES, T. A.; SOARES, A. M. **Educação inclusiva na prática:** estimulação cognitiva, conexão e ressignificação da vida. Rio de Janeiro: Wak Editora, 2024.

BARROS, D. M. Memórias e condicionamentos. Qual o impacto em sala de aula? In: Barros, D. M.; Carvalho, F. A. H.; Abreu, C. **III Seminário de Neurociências Aplicada à Educação:** Habilidades cognitivas e socioambientais. Rio Grande: FURG.

BRITES, L. **Alfabetização – por onde começar:** um programa neurocientífico eficiente para ensinar a ler de verdade. São Paulo: Gente, 2023.

CAPELLINI, S. A.; GERMANO, G. D.; OLIVEIRA, S. **Fonoaudiologia escolar**. São Paulo: Sociedade Brasileira de Fonoaudiologia, 2020.

CERQUEIRA-CÉSAR, A. B. P.; MARGUTI, M. P.; CAPELLINI, S. A. Modelo de resposta à intervenção em segunda camada: revisão de literatura. In: ALCANTARA, G. K; GERMANO, G. D.; CAPELLINI, S. A. **Múltiplos olhares sobre a aprendizagem e os transtornos de aprendizagem**. Curitiba: CRV, 2020.

CORSO, H. V.; SPERB, T. M.; DE JOU, G. I.; SALLES, J. F. Metacognição e funções executivas: relações entre os conceitos e implicações para a aprendizagem [Metacognition and executive functions: relationships between concepts and implications for learning]. **Psicologia:** Teoria e Pesquisa, 2013, 29(1), 21–29.

COSENZA, R.; GUERRA, L. **Neurociência e educação:** como o cérebro aprende. Porto Alegre: Artmed, 2011.

DARLING-HAMMOND, L.; FLOOK, L.; COOK-HARVEY, C.; BARRON, B.; OSHER, D. Implications for educational practice of the science of learning and development. **Applied Developmental Science**, 2020, 24(2), 97-140.

DUTRA, F. Mais de 10 mil crianças enfrentam fila em busca de neuropediatra no DF. **Metrópoles**, 1º dez. 2023. Disponível em: https://www.metropoles.com/distrito-federal/mais-de-10-mil-criancas-enfrentam-fila-em-busca-de-neuropediatra-no-df. Acesso em: 31 maio 2024.

FULLAN, M. **The new meaning of educational change**. Teachers College Press, 2011.

JENSEN, E. **Brain-based learning:** the new paradigm of teaching. Corwin Press, 2008.

HATWELL, Y.; STRETI, A.; GENTAZ, E. **Touching for Knowing**, 2003.

HENNEMANN, A. L. **Discriminação auditiva:** estimulação para a alfabetização. Disponível em: https://neuropsicopedagogianasaladcaula.blogspot.com.br/2017/07/discriminacao-auditiva-estimulacao-para.html. Acesso em: 12 jul. 2024.

HENNEMANN, A. L. **Mediação na aprendizagem**. Disponível em: https://neuropsicopedagogianasaladeaula.blogspot.com/2015/10/mediacao-na-aprendizagem.html. Acesso em: 30 jul. 2024.

HOWARD-JONES, P. **Introducing neuroeducational research:** neuroscience, education and the brain from contexts to practice. Routledge, 2010.

LENT, R. **Cem bilhões de neurônios?** Conceitos fundamentais de neurociência. 2. ed. Rio de Janeiro: Atheneu, 2010.

MACHADO, A. C.; ALMEIDA, M. A. O modelo RTI: resposta à intervenção como proposta inclusiva para escolares com dificuldades em leitura e escrita. **Revista Psicopedagogia**, 2014. v. 31, n. 95.

MAYER, R. E. **Multimedia learning.** Cambridge University Press, 2009.

MEANS, B.; TOYAMA, Y.; MURPHY, R.; BAKIA, M., JONES, K. Evaluation of evidence-based practices in online learning: a meta-analysis and review of online learning studies. U.S. Department of Education.

MUSZKAT, M. **O professor e a dislexia.** São Paulo: Cortez, 2017.

PANTANO, T.; ROCCA, C. C. A. **Como se estuda? Como se aprende?** Um guia para pais, professores e alunos, considerando os princípios das neurociências. São Paulo: Pulso Editorial, 2015.

PIAGET, J. **The grasp of consciousness:** action and concept in the young child. Harvard University Press, 1976.

RUSSO, R. M. T. (Org.). **Neuropsicopedagogia institucional.** Curitiba: Juruá, 2020.

RUSSO, R. M. T. **Neuropsicopedagogia clínica:** introdução, conceitos, teoria e prática. Curitiba: Juruá, 2018.

SARTORI, A. A. T. K.; DELECRODE, C. R.; CARDOSO, A. C. V. **Processamento auditivo (central) em escolares das séries iniciais da alfabetização.** Dissertação de Mestrado. Disponível em: https://www.scielo.br/j/codas/a/kMVsLcJTZKnfxqJHWmjQDbr/?format=pdf. Acesso em: 30 jul. 2024.

SILVEIRA, A. M. I. **O processamento da informação visual em crianças na alfabetização.** Pouso Alegre: Universidade Vale do Sapucaí, 2019.

SCHAFER, M. Espera para consulta com neurologista infantil em Caxias do Sul é de cerca de nove meses. **GaúchaZH**, 26 abr. 2023. Disponível em: https://gauchazh.clicrbs.com.br/pioneiro/geral/noticia/2023/04/espera-para-consulta-com-neurologista-infantil-em-caxias-do-sul-e-de-cerca-de-nove-meses-clfshifqf0050016bvc7jrek2.html. Acesso em: 31 maio 2024.

SOUSA, D. A. **How the brain learns.** Corwin Press, 2011.

TOKUHAMA-ESPINOSA, T. **Making classrooms better:** 50 practical applications of mind, brain, and education science. W.W. Norton & Company, 2014.